葡萄酒的
艺术

The Basics of Wine

精品葡萄酒入门

（日）《葡萄酒艺术》编辑部　主编

朱悦玮　译

U0388098

辽宁科学技术出版社

沈 阳

学习葡萄酒知识太难。

种类那么多，根本记不住。

搞不清楚标签上写的是什么内容。

不知道应该怎样选择自己喜欢的葡萄酒……

前言

葡萄酒知识确实有一些让人难以理解的地方，

但葡萄酒也是一种只要稍微加以了解就会发现很多乐趣的充满

魅力的饮品。

首先让我们学习一下关于葡萄酒的基础知识吧。

生产葡萄酒的主要产地

葡萄品种

葡萄酒的制造方法

比较、试饮

对葡萄酒了解得越多从葡萄酒中

得到的乐趣也就越多

欢迎来到葡萄酒的世界！

目录

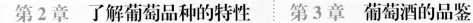

序章
14种基本的葡萄

葡萄酒的基础就是葡萄。

葡萄的特点决定了葡萄酒各种各样的特征。

要想了解葡萄酒，首先要从了解葡萄开始。

适合生产葡萄酒的葡萄品种有很多，本书中主

要为大家介绍最常用的14种葡萄。

黑皮诺

富有感性且充满魅力的红葡萄酒品种

Pinot Noir

果实小巧、紧凑。很容易感染霜霉病和灰霉病，栽培时要特别注意。这是世界上最具价值的红葡萄酒品种。

葡萄的特征

叶	
形状	椭圆形
叶片数量	3
大小	中
叶柄纹理	狭长竖琴形、漏斗形
深度	浅
叶片颜色	深绿
叶片锯齿	中等大小，比较锐利

葡萄串	
形状	圆筒形
大小	小、长7~10cm
颗粒疏密度	密

果粒	
形状	球体、椭圆形
大小	小
颜色	青黑色、深紫色

别名	
Cortaillod（瑞士）	
Spatburgunder（德国）	
Pinot Nero（意大利）	
Nagyburgundi（匈牙利）	

合适的砧木	
41B（法国香槟地区）	
3309C、5BB、161-49、SO4（勃艮第地区）	

早在公元4世纪，法国就已经在勃艮第地区栽培黑皮诺。过去，黑皮诺被称为"Morillon·Noir"。

黑皮诺拥有非常少见的芳香和完美的酸味，但如果将其种植在温暖的产地，会使其迅速成熟，很容易失去芳香和酸味。因此，种植在寒冷的产地是栽培这一品种的关键。还有一种说法认为，要想栽培出最高级的黑皮诺，需要含有石灰质的土壤。

与赤霞珠和梅鹿辄不同，黑皮诺很少与其他品种混合，几乎都是单一酿造的。黑皮诺的果皮很薄，不只栽培时很难伺候，酿造时更要小心谨慎。

黑皮诺很容易变异，拥有114、115、777等品种的克隆体。白葡萄中的白皮诺和带有淡淡颜色的灰皮诺，都是黑皮诺的变异品种。

赤霞珠

在世界各地广泛栽培的红葡萄酒品种之王

Cabernet Sauvignon

赤霞珠拥有一种葡萄品种之王的风范。与黑皮诺相比，赤霞珠的适应性更强，在全世界都有广泛种植。

葡萄的特征

叶	
形状	椭圆
叶片数量	5
大小	中
叶柄纹理	打开的U形
深度	很深
叶片颜色	浓绿
叶片锯齿	很大很少

葡萄串	
形状	圆筒形、锥形
大小	比较小、125g
颗粒疏密度	稀

果粒	
形状	球体
大小	小、直径7~10mm
颜色	黑色

别名

Vidure、Petite Vidure、Vidure Sauvignonne、Bidure、Bouschet-Sauvignon（法国）、Bouchet（法国·圣埃美隆）、Carbouet（法国·巴扎斯、格拉夫）、Marchoupet（卡奥蒂永）、Lafit（俄罗斯、保加利亚）、Burdeos Tinto（西班牙）

合适的砧木

Riparia Gloire de Montpellier（缺乏石灰质的土壤）、3309C、101-14、420A Mgt（含有一定石灰质的土壤）

赤霞珠的总栽培面积高达26.2万公顷，是现在世界上栽培面积最广的葡萄品种之一。赤霞珠原产于法国波尔多地区，17世纪时被称为"比德尔"或"贝德尔"。有人认为这个名字来源于老普林尼在《博物志》中的描述，也有人认为这只是"比由·德尔（意为坚硬的葡萄树）"的讹传。1997年，加利福尼亚大学戴维斯分校通过对DNA进行鉴定后发现，赤霞珠是由品丽珠和长相思自然交配的产物。

赤霞珠属于晚熟品种，喜欢温暖的气候环境，适宜种植在排水性较好的土壤之中，未成熟的赤霞珠会散发出显著的甜椒芳香。在波尔多地区为了降低种植风险，经常将早熟的梅鹿辄与赤霞珠一同种植，并且两者经常混合在一起酿造。但是在气候比较温暖的加利福尼亚和澳大利亚，则用赤霞珠单一品种进行葡萄酒酿造。

梅鹿辄

20世纪80年代开始大放异彩，赤霞珠的完美搭档

Merlot

梅鹿辄比赤霞珠早成熟1周。在气候温暖的产地，看准梅鹿辄的收获时期非常重要。梅鹿辄发芽较早，很容易受到迟来的霜降威胁，但具有较强的抗病性。

葡萄的特征	
叶	
形状	楔形
叶片数量	5
大小	中
叶柄纹理	打开的U形
深度	很深
叶片颜色	深绿
叶片锯齿	较小
葡萄串	
形状	圆筒形
大小	中、长10~15cm
颗粒疏密度	稀
果粒	
形状	球体
大小	小~中
颜色	青黑色
别名	
Crabutet Noir、Plant Medoc（法国·巴扎斯地区）Alicante（法国·勃登萨克村）、Serine dou Flube、Semilnoun Rouge（法国·吉伦特省）Bordeleze Belcha（法国·巴斯克地区）	
合适的砧木	
420A、SO4、Riparia Gloire de Montpellier、5BB	

梅鹿辄是原产于波尔多地区的黑葡萄品种，目前正在与赤霞珠争夺栽培面积第一位的宝座。根据DNA鉴定，可以判断梅鹿辄是品丽珠的后代，但其另外一个母体尚未判明。

　　梅鹿辄比赤霞珠至少早成熟1周，但如果收获不及时，果实中的酸味会急剧下降。另外，与不适应保湿性强、寒冷土壤的赤霞珠相比，梅鹿辄在这类土壤中更能发挥自己的优势。如果土壤的排水性太好，梅鹿辄很难挺过夏季的干旱期。因此与波尔多左岸的沙砾质土壤相比，梅鹿辄更多地被种植在黏土质的右岸。

　　与赤霞珠相比，梅鹿辄的单宁更加平稳，果实也更加饱满。经常单一品种进行酿造。

　　梅鹿辄的语源来自于法语斑鸫的发音"梅露露"。因为斑鸫会在梅鹿辄成熟的第一时间前去啄食，还有一种说法认为这个名字来源于葡萄的色调。

西　拉

种植面积不断扩大。新世界的共同点就是充满特色的刺激味道

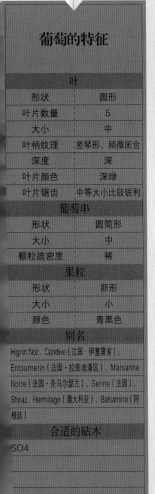

葡萄的特征

叶	
形状	圆形
叶片数量	5
大小	中
叶柄纹理	竖琴形、稍微闭合
深度	深
叶片颜色	深绿
叶片锯齿	中等大小比较锐利

葡萄串	
形状	圆筒形
大小	中
颗粒疏密度	稀

果粒	
形状	卵形
大小	小
颜色	青黑色

别名	
Hignin Noir、Condive（法国·伊塞雷省）、Entournerin（法国·拉图迪潘区）、Marsanne Noire（法国·圣马尔瑟兰）、Serine（法国）、Shiraz、Hermitage（澳大利亚）、Balsamina（阿根廷）	

合适的砧木	
SO4	

Syrah

西拉在罗纳地区常用棒式支架的栽培方法种植，也有不少采用古约式支架种植。从西拉的果实颜色上就不难想象，其酿成葡萄酒后的色泽浓度有多么惊人。

最早人们认为西拉产自古代波斯的西拉兹，或者产自西西里岛的锡拉库扎，但1998年对西拉进行的DNA鉴定结果表明，西拉的亲本植物一个是栽培在法国东南部的杜瑞沙（Dureza），另一个是白梦杜斯（Mondeuse Blanche）。

近年来，西拉在全世界范围内广泛种植，目前总栽培面积已经达到14万公顷，在黑葡萄品种里排列第五（以前连前20名都进不去）。

法国罗纳河周边栽培的成熟品种可以酿造出非常高级的葡萄酒，但如果没能完全成熟的话，酿造出来的葡萄酒便会显得非常单调没有口感。因此温暖的气候条件对西拉来说是必不可少的，澳大利亚（当地将西拉称为Shiraz）和加利福尼亚都成功种植了西拉。这些新世界的产地不断地诞生出口感浓厚、香气浓郁、充满刺激味道的优良西拉。

顺便说一句，加利福尼亚栽培的菩提西拉是和西拉没有任何关系的另外一种品种。

品丽珠

栽培更加容易，赤霞珠的亲本植物

Cabernet Franc

品丽珠的树势
比赤霞珠更
强，而且早10
天发芽，抗病
能力很强。分
辨两者的方法
是看叶脉纹
理，较深的是
赤霞珠，反之
则是品丽珠。

葡萄的特征

叶	
形状	圆形
叶片数量	5
大小	中
叶柄纹理	狭长竖琴形
深度	深
叶片颜色	亮绿
叶片锯齿	狭窄锐利

葡萄串	
形状	圆筒、圆锥形
大小	小、长约10cm
颗粒疏密度	稀

果粒	
形状	球体
大小	小、10mm
颜色	青黑色

别名	
Breton（法国·卢瓦尔）、Bouchy（法国·马德兰）、Capbreton Rouge、Plant des Sables（法国·朗德省）、Bouchet（法国·圣埃美隆）	

合适的砧木 Rootstock	
Riparia Berlandieri、Riparia Gloire de Montpellier、SO4、420A、5BB、3309C	

　　品丽珠一直以来都被认为是赤霞珠的亚种，但实际上正如前文所述，品丽珠是赤霞珠的亲本植物。品丽珠原产于波尔多地区，后来流传到卢瓦尔地区。据说布尔格伊—圣尼古拉修道院一位名叫布鲁托的院长最早在卢瓦尔地区种植了品丽珠。所以在卢瓦尔地区，又将品丽珠称为布鲁托（Breton）。

　　品丽珠比赤霞珠早成熟1周，虽然存在只开花不结果的风险，但品丽珠很容易成熟，而且拥有收获期不受天气影响的优点。与赤霞珠相比，品丽珠即便在寒冷的天气下仍然可以顺利生长，所以在波尔多右岸和卢瓦尔地区被视为珍宝。一般情况下，品丽珠用来酿造那些比赤霞珠色调更淡、单宁相对较少的葡萄酒。

　　现在，全世界品丽珠的种植面积大概有5.5万公顷，在黑葡萄品种之中，栽培面积排在第十一位。

霞多丽

根据产地气候自由变换。白葡萄中的偶像

葡萄的特征

叶	
形状	圆形
叶片数量	3
大小	中
叶柄纹理	竖琴形、末端没有柔软细织
深度	浅到几乎看不见
叶片颜色	亮绿色
叶片锯齿	中等大小比较锐利

葡萄串	
形状	圆筒形
大小	小~中、不足10cm
颗粒疏密度	密

果粒	
形状	球体
大小	小、8~12mm
颜色	带琥珀的黄色

别名	
Beaunois（法国·夏布利）、Melon Blanc（法国·阿尔伯瓦）、Petite Sainte-Marie（法国·萨瓦）、Epinette（法国·香槟地区）Weisser Clevner（德国）、Gelber Weissburgunder（意大利·上阿迪杰）	

合适的砧木	
各种	

Chardonnay

霞多丽几乎可以种植在世界上任何一个地区，因此很受欢迎。从1998年到2004年之间，霞多丽的栽培面积几乎翻了1番。完全成熟的霞多丽的果实颜色，与其说是绿色，更像是金黄色。

霞多丽是白葡萄品种中的偶像。尽管现在原产于西班牙的阿依伦是白葡萄品种中栽培面积第一的品种，但霞多丽以18万公顷的种植面积占据了白葡萄世界第二的宝座。

长久以来，霞多丽的起源一直都包裹在重重谜团之中，近年来通过DNA鉴定发现霞多丽是黑皮诺与中世纪在法国中部和东北部广泛种植的白高维斯（Gouais blanc）的后代。

霞多丽发芽较早，容易受到迟来霜降的影响，但霞多丽的适应能力很强，从寒冷的法国香槟地区到温暖的澳大利亚都可以栽培。由于栽培地区的气候会对葡萄酒造成很大的影响，所以霞多丽也拥有许多种不同的种类的味道。不过，气候越温暖，葡萄酒中的酸味就会不可避免地下降，因此比较寒冷的气候更适合生产白葡萄酒。

霞多丽非常适合用橡木桶酿造，可以尝试使用小桶熟成。

G&W
Grapes and Wines
Number 14

雷司令

白色的花朵和蜂蜜的甜香，纤细而高贵的品种

Riesling

鲜绿色的果实是雷司令的显著特征。由于其喜欢寒冷的气候，因此栽培地区有限。一般情况下雷司令只有3片叶子，极少数情况下也有5片叶子。

葡萄的特征

叶	
形状	圆形
叶片数量	3或者5
大小	中
叶柄纹理	平行或重叠
深度	浅到几乎看不见
叶片颜色	浓绿
叶片锯齿	中等大小比较锐利

葡萄串	
形状	圆筒形、圆锥形
大小	小、10cm
颗粒疏密度	密

果粒	
形状	球体
大小	小
颜色	亮绿—金黄色

别名	
Gentil Aromatique（法·阿尔萨斯）Petracine（法·摩泽尔）、Riesling Renano（意大利）、Johannisberg（德国、瑞士）、Gewurztraube（德国）、White Riesling（美国）	

合适的砧木	
Riparia Berlandieri、3309（肥沃的土壤）、5BB（浅层干燥的土壤）、SO4、125AA、5C	

雷司令是德国在品质上唯一能够与法国的霞多丽相抗衡的白葡萄品种，因此其高贵的地位不言而喻，现在，雷司令在全世界的栽培面积大约有5万公顷。

雷司令拥有白色的花朵以及蜂蜜一样甜美的香气，是因为其中含有单萜。另外，雷司令贮藏一段时间后还可以散发出灯油的芬芳。这种灯油的芬芳来自于一种被称为TDN的化合物，由于产地和酿造条件的不同，这种芬芳的出现程度也不尽相同。为了维持雷司令那特有的生机勃勃的酸味，最好将其栽培在寒冷的地区，黏板岩和页岩的土壤也尤为合适。

在酿造工序上，雷司令与霞多丽不同，不适宜用橡木桶进行小桶发酵，也不采取苹果酸乳酸发酵。还有一种说法认为，如果进行完全的酒精发酵，会损坏单萜的香气。

长相思

青草、葡萄柚、黑加仑的芬芳

Sauvignon Blanc

长相思的果粒非常密实，因此容易感染灰霉病。另外，由于其树势很强，所以在砧木的选择和修剪上都需要下一番功夫才行。长相思的果粒是卵形的。

葡萄的特征

叶	
形状	圆形
叶片数量	5
大小	小
叶柄纹理	开放的竖琴形
深度	稍微有些深
叶片颜色	亮绿色
叶片锯齿	狭窄锐利

葡萄串	
形状	圆锥形
大小	小
颗粒疏密度	密

果粒	
形状	球体
大小	小
颜色	完全成熟后为金黄色

别名

Blanc Fume（法·卢瓦尔）、Muskat-Silvaner（德国、澳大利亚）、Fume Blanc（美国、南非、澳大利亚）

合适的砧木

各种，最好是能够控制树势的

长相思在全世界有大约8万公顷的栽培面积，在白葡萄品种之中排第五位。长相思是赤霞珠的亲本植物，与白诗南和琼瑶浆也有一些关系。

长相思经常散发出青草的芬芳，这是因为其中含有甲氧基吡嗪，在寒冷的气候条件下发育未成熟的长相思这种气味更加明显。但成熟之后的长相思则会明显散发出葡萄柚和黑加仑等令人心旷神怡的芬芳。这种香气是硫醇化合物的气味，是长相思发酵后出现的。

新西兰积极地引进了这一品种。而智利长期以来当作长相思栽培的葡萄，现在已经证实，其实和意大利的托凯弗留托诺（Tocai Friulano）属于同一品种。

琼瑶浆

馥郁芬芳一嗅难忘的白葡萄品种

Gewürztraminer

琼瑶浆虽然也是酿造白葡萄酒的品种，但果皮却带有一些灰色。因此琼瑶浆酿造出的白葡萄酒色泽比较浓。琼瑶浆发芽较早，容易受到迟来霜降的影响。

葡萄的特征

叶	
形状	圆形
叶片数量	5
大小	大
叶柄纹理	与叶片重叠
深度	深
叶片颜色	深绿
叶片锯齿	大而锐利
葡萄串	
形状	圆锥形
大小	小
颗粒疏密度	比较稀疏
果粒	
形状	卵形
大小	小
颜色	粉色、红色
别名	
Gentil Rose Aromatique（法·阿尔萨斯）、Fleischweiner（意大利·上阿迪杰）、Roter Traminer（德国）、Roter Nurnberger（澳大利亚）	
合适的砧木	
SO4、5C、26G、3309	

琼瑶浆的香气可以说是令人一嗅难忘。就算是盲品也绝对会被第一个辨认出来。琼瑶浆是原产于意大利北部的特拉密（Traminer）的变种。"Gewürz"是德语中"刺激气味"的意思。因为其混合了荔枝和甜瓜的香气，十分浓烈。

现如今，法国的阿尔萨斯是琼瑶浆栽培面积最广的地区，琼瑶浆也是当地四大名贵葡萄品种之一。琼瑶浆在德国的普法尔茨和巴登、澳大利亚以及意大利也有栽培。

琼瑶浆喜欢比较凉爽的气候和肥沃的黏土质土壤。虽然在新世界的葡萄酒产地也尝试栽培了琼瑶浆，但由于当地气温普遍偏高，所以很难表现出琼瑶浆应有的品种特性。

因为琼瑶浆在春季发芽较早，所以容易受到霜降的侵害，还容易感染白粉病。但条件适宜的情况下，琼瑶浆可能贵腐化，在阿尔萨斯地区，能够诞生出非常美味的贵腐葡萄酒。

灰皮诺

口感饱满，黑皮诺的突变品种

Pinot Gris

灰皮诺和白皮诺一样，都是黑皮诺的突变品种。因此，除了葡萄串颜色上的区别之外，灰皮诺外观上的特征与黑皮诺十分相似。

葡萄的特征

叶

形状	椭圆形
叶片数量	3
大小	中
叶柄纹理	狭长竖琴形、漏斗形
深度	浅
叶片颜色	深绿
叶片锯齿	中等大小比较锐利

葡萄串

形状	圆筒形
大小	小、长7~10cm
颗粒疏密度	密

果粒

形状	球体、椭圆形
大小	小
颜色	青色、粉色

别名

Pinot Beurot（法·勃艮第）、Tokay d'Alsace（法·阿尔萨斯）、Malvoisie（法·卢瓦尔、萨瓦）、Rulander、Grauburgunder（德国）、Pinot Grigio（意大利）

合适的砧木

25AA、SO4

灰皮诺是黑皮诺的突变品种，拥有红茶色的果皮。灰皮诺作为法国阿尔萨斯地区四大名贵品种之一，其品质是最为优秀的，但栽培面积赶不上德国与意大利。灰皮诺和黑皮诺一样，喜欢寒冷的气候环境以及矿物质含量丰富的土壤。品质最好的灰皮诺带有蜂蜜的芬芳，能够酿造出口感饱满的葡萄酒。

长期以来，在阿尔萨斯地区都将灰皮诺称为"Tokay"，这个名字来自于16世纪时出产贵腐葡萄酒（Tokaji）的匈牙利。但由于匈牙利政府的要求，从2007年4月起，在阿尔萨斯不允许再使用"Tokay"这个名字。

在新世界，北美的俄勒冈州最热衷于栽培灰皮诺，栽培面积已经超过霞多丽。一般情况下，新世界的灰皮诺葡萄酒在标签上写的都是意大利名称"Pinot Gris"。

歌海娜

曾经排名世界第一的多产型品种

歌海娜原产于西班牙，其法语名是"Grenache"。20年前是栽培面积排名世界第一的黑葡萄品种，现在这一宝座已经被赤霞珠占据。

歌海娜喜欢温度高和干燥的气候，非常多产。要想得到高品质的歌海娜葡萄酒，控制收获量是非常重要的。歌海娜酿造出来的葡萄酒具有梅干等果脯的香气，酒精度也比较高。歌海娜经常与其他品种混合或者混酿，很少单一品种酿造。

法国南部的罗纳地区以及西班牙的加泰罗尼亚地区，都是用歌海娜酿造优良葡萄酒的产地。

Grenache

葡萄的特征

叶	
形状	楔形
叶片数量	3
大小	中
叶柄纹理	稍微开放的竖琴形
深度	浅、单叶重叠
叶片颜色	亮绿色
叶片锯齿	小而狭窄

葡萄串	
形状	圆锥形
大小	大
颗粒疏密度	密

果粒	
形状	球体或卵形
大小	中、直径15mm
颜色	青黑色

别名
Granacha、Alicante、Bois Jaune、Carignane Rousse、Sans Pareil、Roussillon、Rivesaltes、Garnacha、Lladoner（西班牙）、Cannonau、Granaccia（意大利）

合适的砧木
99R、44～53M、110R、41B、3309C

维欧尼

拥有别具风味的芬芳和浓厚的味道

维欧尼原本是栽培在法国北部罗纳地区的白葡萄品种，20世纪90年代以后，开始在世界范围内广泛栽培。

维欧尼喜欢温暖的气候，耐干旱能力强，但收获量却极少。

维欧尼酿造的白葡萄酒色泽浓郁、酒精含量高、具有一定的黏着性、有杏和桃子的芬芳。

DNA鉴定的结果表明维欧尼与意大利皮埃蒙特地区的黑葡萄品种弗雷伊萨（Freisac）存在亲子关系。

在法国罗纳河谷的罗地丘，经常将20%的维欧尼与西拉混酿。澳大利亚也越来越多地将西拉与维欧尼混酿。与单独使用西拉酿造相比，混酿的葡萄酒颜色更浓。

Viognier

葡萄的特征

叶	
形状	椭圆
叶片数量	5
大小	中
叶柄纹理	开放的U形
深度	深
叶片颜色	亮绿色
叶片锯齿	凸状狭窄

葡萄串	
形状	圆锥形
大小	中
颗粒疏密度	密

果粒	
形状	球体或卵形
大小	小
颜色	带琥珀的白色

别名
Vionnier、Petit Vionnier、Viogne、Galopine

合适的砧木

葡萄的特征

叶	
形状	圆形
叶片数量	5
大小	中
叶柄纹理	开放的U形
深度	较深
叶片颜色	深绿色
叶片锯齿	中等锐利
葡萄串	
形状	圆筒圆锥形
大小	中等较小
颗粒疏密度	较密
果粒	
形状	球体
大小	较小
颜色	紫黑色
别名	
Brunello、Prugnolo Gentile、Morellino、Romagnolo、Nieluccio（法国、科西嘉岛）	

合适的砧木

110L、420A

桑娇维塞

变幻莫测的意大利代表性葡萄品种

除了意大利北部和西西里岛，几乎意大利剩余的所有地区都栽培了桑娇维塞。桑娇维塞的栽培面积在1990年占意大利全部栽培面积的10%。

桑娇维塞很容易出现突然变异，克隆品种也非常多，所以在不同的地区，桑娇维塞的名字也各不相同。

根据最新的调查，桑娇维塞可能是托斯卡纳当地的绮丽叶骄罗（Ciliegiolo）和意大利南部的Calabrese Montenuovo自然交配的产物。

桑娇维塞仅在托斯卡纳地区就有"Brunello、Prugnolo Gentile、Morellino"等别名，在法国的科西嘉岛还被称为"Nieluccio"。

Sangiovese

葡萄的特征

叶	
形状	圆形
叶片数量	5
大小	中
叶柄纹理	开放的U形或V形
深度	深
叶片颜色	浓绿色
叶片锯齿	大而锐利
葡萄串	
形状	圆锥形
大小	较大
颗粒疏密度	较密
果粒	
形状	球体或卵形
大小	中等
颜色	深紫色
别名	
Chiavennasca、Picoutener	

合适的砧木

420A、5BB

内比奥罗

生产高品质葡萄酒不可或缺的品种

内比奥罗主要栽培于意大利西北部的皮埃蒙特地区，是品质非常优秀的黑葡萄品种。内比奥罗的名字来源于"Nebbiolo"，在意大利语中是"雾"的意思，因为其主要在起雾的晚秋进行收获。由于晚熟，所以内比奥罗需要栽培在日照量良好的山丘斜坡上，要想酿造出品质优良的葡萄酒，需要含有石灰的泥灰土作土壤。一般认为内比奥罗有3个克隆品种，分别是朗皮亚、米凯、罗塞，但实际上罗塞与内比奥罗并没有关系，属于另外的品种。

用内比奥罗酿造的最著名的葡萄酒当属巴罗罗和巴巴莱斯科。在伦巴第的瓦尔泰利纳，内比奥罗被叫作"Chiavennasca"。

Nebbiolo

第1章
葡萄酒的基础知识

在了解过葡萄的基本情况之后，接下来就需要
了解葡萄酒的酿造过程。第一节将为大家简单
地介绍一下葡萄酒的产地。
第二节将为大家介绍从葡萄栽培到
葡萄酒酿造的过程。
只要掌握了这些基础知识，以后不管遇到什么
样的葡萄酒都可以了解其基本情况。

酿造历史悠久，并非面向
大众消费者，而是生产品
鉴用的高品质葡萄酒

法国葡萄酒

第一节

葡萄酒的
产地

Number

1

提　起法国葡萄酒，令人印象深刻的就是其对品质近乎执着的追求。"超凡脱俗"大概就是对其最完美的形容。

渴望走得更远的精神，追求精益求精的使命感。拥有这种理念的人大概每个国家都有。但可以说法国整个国家都是以这种态度在生产葡萄酒。全世界的葡萄酒爱好者之所以将法国葡萄酒作为评判的基准，就是因为法国拥有世界上最多值得鉴赏的葡萄酒。

法国的葡萄酒酿造工艺是由罗马帝国传授的，转眼间法国葡萄酒就已经完全凌驾于意大利半岛生产的葡萄酒之上。因此，法国葡萄酒被看作是公元90年罗马帝国经济危机的元凶。

在公元92年，罗马帝国的皇帝图密善下令拔除法国所有的葡萄（也有一种说法认为是因为无法保护）。

法国葡萄酒之所以品质上乘，或许是因为法国的土壤非常适合葡萄生长。著名的土壤学家克劳德·鲍顾昂曾经这样说道："葡萄是原产于高加索地区的植物。高加索山脉是石灰质土壤，所以葡萄最喜欢石灰质丰富的土壤。石灰质土壤在全世界范围内只有7%，而法国有55%的土地都是石灰质土壤。美国这一数字只有3%。所以法国葡萄酒品质上乘的奥秘就在于此。"

法国葡萄酒之所以闻名世界的另一个原因，是因为其将葡萄酒作为奢侈品生产的历史非常悠久。以往，葡萄酒都被看作是农产品，仅仅作为当地大众消费的饮料，无法摆脱日常消耗品的地位和品质。但在法国，葡萄酒却被政治所利用，成为勃艮第公国权威的象征。勃艮第对葡萄酒的品质要求极高，而当时专门向最富裕的国家英国出口葡萄酒的波尔多地区，酿造的葡萄酒也非常完美。正因为存在这些特别的情况，所以法国的葡萄酒才如此重视品质。法国也是葡萄酒生产国中最早确立中央集权制度的国家。路易王朝的经济繁荣为巴黎和凡尔赛聚集了大量的财富。为了满足王侯贵族们越来越高的追求，法国的葡萄酒也走上了高价格、高品质的道路。

还有一个关键在于，法国很早就确立了原产地命名控制的制度。这项制度不仅区分产地，甚至还对土地的品种、栽培以及酿造都有明确的规定，虽然有时显得不够灵活，但整体上来说还是非常的公正和有效的，这也是法国葡萄酒独一无二的地方。

这　里为大家列举的4款葡萄酒，每一款都是非比寻常的精品之作。只要品尝过这4款葡萄酒，你就会清楚地感觉到葡萄酒的特别之处。而且最令人感到钦佩的是，这4款葡萄酒并没有特意强调其独特之处，而是在非常自然的状态下，将葡萄酒的美妙之处传递出来。这正是法国葡萄酒的魅力所在。

法国葡萄酒十大产地

1 香槟产区	**7** 波尔多
2 阿尔萨斯	**8** 西南产区
3 勃艮第	**9** 普罗旺斯&科西嘉
4 卢瓦尔	**10** 朗格多克—鲁西永大
5 汝拉&萨瓦	区
6 罗纳河产区	

奥信庄园 1996 红葡萄酒	勒桦酒庄 2001 香贝丹葡萄酒	艾米特庄园 1996 夏伯帝葡萄酒	斯绍埃南堡 1999 苔丝美人葡萄酒
奥信庄园红葡萄酒是位列法国圣埃美隆区一等特级A类的葡萄酒。石灰黏土质的东南向斜坡与种植在上面的古老树木，给人一种进入异次元的感觉。20世纪90年代后半段之后出产的奥信庄园红葡萄酒毫无疑问是波尔多乃至全世界最优秀的葡萄酒。	这款葡萄酒中凝聚了成就一款伟大的勃艮第特级葡萄酒所需要的全部要素。天才种植者勒桦在拥有所有葡萄酒中最特别的矿物味的香贝丹的土地上，凭借他不懈的努力和执着，将当地独特的风土个性奉献给世人。	法国最具代表性的葡萄酒之一，艾米特庄园用罗纳河左岸朝南的斜坡上栽培的西拉所酿造。在裸露花岗岩的山坡最顶端的土地栽培出的葡萄所酿造的这款葡萄酒，兼具强劲与纤细、厚重与通透等相反的要素，是一款不可多得的极品。	苔丝完美地证明了阿尔萨斯产区能够生产出拥有令人惊艳的凝缩度与复杂性的葡萄酒。尽管苔丝多年以来都被看作是一位狂人，但他却成了现在世界葡萄酒的领军人物。利用回归传统的多个品种的混栽和混酿生产出来的这款葡萄酒，可以非常细致地表现出土地的风味。

Château Ausone 1996, Bordeaux

Chambertin 2001 Domaine Leroy, Bourgogne

Ermitage 1996 M. Chapoutier, Rhône

Schœnenbourg 1999 Marcel Deiss, Alsace

第一节

葡萄酒的产地

Number

1

充沛的阳光与肥沃的土壤，个人主义与多元文化孕育出的丰收。

意大利葡萄酒

如果说法国葡萄酒是追求同一个目标的体系，那么意大利葡萄酒就是尊重个人主义与多样性的体系。如果说法国葡萄酒是静态的完成度，那么意大利葡萄酒就是动态的自由度。如果说法国葡萄酒是究极的高雅带来的紧张享受，那么意大利葡萄酒就是对高雅的调侃带来的宽松享受。两者可以说是价值观相对的完美体现，也是相辅相成的存在。

意大利葡萄酒被认为是最适合与料理一起品尝的葡萄酒。因为单独品尝意大利葡萄酒的话总好像缺点什么，而相应的美食就是填补这一空白的关键，两者搭配就会营造出完美的整体感。如果意大利葡萄酒没有"空白"的话，那么也会像其他国家最高级的葡萄酒一样，不管搭配什么料理都能够保持超越性的地位。不过意大利葡萄酒这种不过分强调自己，而是低调地展示自身存在价值的性格，正是其优秀的特征。

"与料理搭配"也体现出意大利葡萄酒本质的地区性。和法国葡萄酒不同，意大利直到19世纪后半段都没有形成统一的国家。因为各个地区都有独立的国家，所以自然发展出各自独特的文化。葡萄酒与料理也没有被中央集权的体系所影响，而是以当地葡萄酒和当地食材制作的料理不可分割的形式保存了下来。

因此，意大利葡萄酒具备多样性的特色。意大利葡萄酒的复杂性，通过36个DOCG与317个DOC就可见一斑。意大利葡萄酒甚至存在2000（还有一种说法是5000）多个种类以及品种。与经过历史的优胜劣汰最终只剩下30种优质品种的法国不同，目前意大利拥有500种以上的葡萄酒品种。葡萄酒爱好者对意大利葡萄酒的态度也可谓是截然不同，一些人认为"太麻烦"而敬而远之，另一些人则认为"很有趣"而乐在其中。

个人主义也是意大利葡萄酒的特征之一。其他国家一旦出现了某个特别优秀的生产者，那么就会以这名生产者为中心发展出有组织的活动，最终带来法律制度的变革，甚至普及到所有的产地。但是在意大利，每一位生产者都拥有自己独立的思考方式，讨厌他人的干涉和组织活动，只想独自酿造葡萄酒。简单来说，法国葡萄酒只要看酒标就能够了解大致的内容（品种、类型、品质级别、价格等），意大利葡萄酒就算看了酒标也搞不清楚。对于这一点，在葡萄酒爱好者之中也分为两种态度。一种是"好像走进雷区一样搞不明白"而敬而远之，另一种是"不亲自品尝一下不知道其中美味"而乐在其中。

直到几年前，还有很多人热衷于意大利葡萄酒的特色，但近年来对意大利葡萄酒敬而远之的人也逐渐多了起来。越来越追求微小的差异，与美味相比更强调一些奇怪的地方，总是在追求新品而不重视培养品牌等，这些都是意大利葡萄酒近年来饱受诟病的原因。但我们也应该站在原始的立场上，重新品味和确认一下优秀的意大利葡萄酒所特有的美味和乐趣。

意大利DOCG（保证法定产区）一览

1 加蒂纳拉	**11** 布朗齐亚柯达	**21** 蒙达奇诺布鲁奈罗	**30** 菲亚诺
2 盖梅	**12** 超级巴勒道理诺	**22** 韦诺诺比尔蒙塔埔奇诺	**31** 维蒙蒂诺
3 罗埃罗	**13** 苏瓦韦雷乔托	**23** 托及亚罗	**32** 瑟拉索罗维多利亚产区
4 巴巴莱斯科	**14** 超级苏瓦	**24** 萨格兰蒂诺	**33** 多利尼亚
5 巴罗洛	**15** 拉曼多洛	**25** 科内	**34** 克罗弗留利东山皮科里特
6 阿斯蒂	**16** 艾米利亚罗马涅	**26** 特罗纳奈西卡	**35** 莫雷利诺
7 阿奎	**17** 卡尔米尼亚诺	**27** 蒙荔诺阿布鲁诺	**36** 勃纳达
8 加维	**18** 基安蒂	**28** 格来克托福	
9 瓦尔泰利纳	**19** 经典基安蒂	**29** 陶莱西	
10 瓦尔特林纳色富莎	**20** 亚诺维奈西卡		

圣罗伦索之南园 巴巴莱斯科葡萄酒 1989 嘉雅	嘉斯宝来酒庄 2001 卡玛天娜红葡萄酒	塔斯卡酒庄 2001 伯爵红葡萄酒	安东内利酒庄 2000 圣格蒂诺— 蒙特法克葡萄酒
意大利葡萄酒常被认为价格便宜品质低，常常被埋没于传说之中。为了打破这种状况，巴巴莱斯科葡萄酒用尽了所有的方法，向世界证明其是一款伟大的葡萄酒。竭尽自己所能提高意大利葡萄酒地位的安杰罗·嘉雅也值得称赞。	广为人知的基昂蒂葡萄酒。基昂蒂的土地具备酿造出卓越品质葡萄酒的潜力。选用在泥灰质土壤中纯天然栽培的有机桑娇维赛、品丽珠、梅鹿辄、西拉等优良葡萄，完美地表现出土地的风味。	西西里自古以来就在贫困中苦苦挣扎，因此被看作是廉价葡萄酒的产地，长久以来一直被世人所遗忘。但近年来西西里葡萄酒的品质有了显著的提高。这款在肥沃的石灰质土壤中栽培的黑达沃拉为主体酿造的传统葡萄酒，将被隐藏在西西里阴影之中的高贵品性，非常完美地表现了出来。	意大利全境都是非常适合葡萄生长的产地。翁布里亚大区的DOCG产出拥有世界上单宁含量最高的葡萄品种——圣格蒂诺。这款将圣格蒂诺干燥后发酵酿造的极度浓稠的葡萄酒，展现出意大利特有的浓郁和甘甜。

Barbaresco Sorì San Lorenzo 1989 Gaja,Piemonte

Camartina 2001 Querciabella,Chianti

Rosso del Conte 2001 Conte Tasca d'Almerita,Sicilia

Sagrantino di Montefalco 2000 Antonelli,Umbria

欧洲是葡萄酒的主要产区，研究欧洲各国葡萄酒的特征也是一大乐趣。

欧洲各国的葡萄酒

根据旧约圣经创世纪的记载，大洪水之后，诺亚抵达阿拉特山，并且在那里种植了葡萄。阿拉特山位于土耳其东部，毗邻高加索。而考古学也证实，葡萄栽培与葡萄酒酿造，都是在公元前6000年之前起源于高加索地区。葡萄酒先传到埃及与中东，又传到希腊，然后传到希腊的殖民地意大利，后来又伴随着罗马帝国的扩大而传遍整个欧洲。

葡萄酒对欧洲来说，既是饮料同时也是宗教的象征。在圣经中有441处关于葡萄和葡萄酒的记载，在耶稣的24个比喻中也有4个是以葡萄和葡萄酒为主题。1818年的亚琛会议决定，圣职者栽培葡萄将会得到奖励，（1414年康斯坦茨会议之前）圣餐时使用葡萄酒。葡萄酒与教会在紧密的联系中不断发展，直到拿破仑解散教会权利为止，欧洲最好的土地，都是由教会和王侯贵族所共有的。如果不考虑宗教的因素，就无法理解为什么葡萄酒在所有的食品中是如此特别的一个存在。

在现代社会中也存在最好的土地属于教会的情况，那就是位于维也纳的努斯堡。或许教会比较重视传统的种植方法，这片土地一直坚持多种葡萄混种的传统栽培方法直到19世纪后半段葡萄根瘤蚜虫害爆发之前。现在一个叫作威宁格的人租用这块土地用来酿造葡萄酒。

威宁格还经营了一家小酒吧。维也纳的市民经常会光顾他的酒吧品尝葡萄酒与美食。努斯堡的高贵葡萄酒与市民生活融为一体，由此可见奥地利精神文化的丰富，以及葡萄酒文化在欧洲的根深蒂固。

想要完全收集欧洲各国的葡萄酒恐怕是很难做到的，但通过鉴赏不同国家的葡萄酒，可以了解到各个国家的历史、文化以及精神，这正是葡萄酒的魅力所在。

要想最大限度地品味德国葡萄酒特有的那种透彻的纯度，摩泽尔的雷司令是必不可少的。在最好的土地中生长出来的复杂口感，完美地表现出德国传统的矿物质味道。

匈牙利和法国一样，在罗马时代就是非常优秀的产地。现在全国都出产高品质的葡萄酒。品尝过托卡伊之后，你就会知道为何其在过去被推崇为世界上最好的葡萄酒。

近年来多有耳闻的西班牙葡萄酒，我因为一直没有机会品尝，所以也没有多少发言权。但如果你品尝过具有独特风土味道的雪莉酒，一定会惊讶于其个性与品质的高度协调。

欧洲主要葡萄酒生产国（地区）

1 葡萄牙	4 奥地利
2 西班牙	5 匈牙利
3 德国	6 高加索

奥地利	德国	匈牙利	西班牙
努斯堡老藤白葡萄酒 2002 威宁格	海耶曼·莱文修坦因 2003 莱特根葡萄酒	托卡伊精华葡萄酒 1999 御苑酒园	桑卢卡尔— 曼赞尼拉雪莉酒 1/80 卢士涛酒庄
选用在石灰质土壤的努斯堡土地上混种的，树龄45年以上的纽伯格、西尔瓦娜、白皮诺、雷司令等同时收获、混酿，含有浓重的矿物质味道。	雷司令在温暖的产地从开花到收获只有不到100天，但是在寒冷的摩泽尔却需要160天。这刚好酝酿出精妙的风味。这款能够强烈感受到生产者意志的葡萄酒，即便在果实风味略甜的2003年，仍然带有坚固的矿物质味道。	这款严格意义上来说并不属于葡萄酒。因为其酒精含量只有2.6%。贵腐化后将风味浓缩到极限的葡萄迟迟无法发酵。这种神秘而且稀少的，含有令人惊异甜度的液体，曾经被认为是能够赐予王侯贵族力量的秘药，非常珍贵。即便现在看来，这款葡萄酒仍然是一个奇迹。	在哥伦布与麦哲伦开始航海之旅的港口城市桑卢卡尔酿造的曼赞尼拉雪莉酒，与其名字一样饱含春黄菊的芬芳。如同赫雷斯凉爽的气候一样，让人感觉不到酒精的清澈透明感，可以让人重新认识雪莉酒的魅力。

NußBerg Alle Reben 2002 Wieninger, Austria

Röttgen 2003 Heymann - Löwenstein, Germany

Tokaji Esszencia 1999 Királyudvar, Hungary

Manzanilla Pasada de Sanlucar 1/80 Jurado Lustau Almacenista, Spain

第一节

葡萄酒的产地

Number

3

站在巨人的肩膀上获得脱离具体消费的超高品质葡萄酒。

新世界的葡萄酒

新世界葡萄酒的品种是非常有限的，这是因为新世界过去都是英国的殖民地。所以，尽管这些国家都相距甚远，但种植的却几乎都是相同的品种。

因为最初来到这里的殖民者都对葡萄酒有一定的了解，他们知道什么品种比较优秀。所以他们会选择栽培像赤霞珠、西拉以及雷司令等高贵的品种。可以说新世界葡萄酒是站在巨人的肩膀上，这也是其取得成功的原因之一。

为什么英国殖民地的葡萄酒品质这么好呢？一般来说，法国葡萄酒是公认最好的，那么法国殖民地的葡萄酒不是应该更好才对吗？但事实上法国殖民地的葡萄酒都很一般。而英国并非葡萄酒生产国。英国在西班牙王位继承战争后成为欧洲强大的国家，并且率先完成了工业革命成为世界上最富裕的国家，收集、鉴赏进口商品的习惯在英国广泛地传播开来。葡萄酒在英国也变成了教养和富裕的象征。所以英国人在殖民地也是这样给葡萄酒定义的。

英国的社会阶层非常明确，兴趣也是阶层的象征。骑马和网球与足球的阶层就不同。饮品也是如此，葡萄酒代表上层阶级，啤酒和杜松子酒代表下层阶级。美国也继承了这一观念。而且聊起葡萄酒的话题，就等于是强调了自己属于哪个阶层。

最上层阶级的象征之一，就是拥有一家葡萄酒酿造厂。所以成功人士都会用自己手中的亿万财富购买纳帕谷的一块土地，用来酿造象征成功的超高价葡萄酒。而与之相同的人，或者憧憬成功的人，则会购买这些葡萄酒。最近华盛顿州也开始生产葡萄酒。

葡萄酒在加利福尼亚象征着富裕，在俄勒冈则象征着知性。俄勒冈的葡萄酒酿造是由来到这里的高学历的嬉皮士们率先开创的。务实（down to earth）的精神主义＝基督教西多会的勃艮第＝黑皮诺。

从玛格丽特河的开拓者都是医生这一点上来看，在澳大利亚，葡萄酒与阶级之间也存在着象征性的关系。正因为如此，才有膜拜酒的存在。只不过澳大利亚对此的表现并不像美国那样露骨罢了。

英国对葡萄酒的发展可以说对现代葡萄酒的发展做出了极大的贡献。正因为葡萄酒脱离了具体的消费成为教养和财富的象征，所以才会诞生出如此非现实的高品质的葡萄酒。这是欲望与诚实交织的产物。不管这件事究竟是对还是错，至少结果给我们带来了至高无上的享受。

世界主要葡萄酒出产国（地区）

1 英国	7 俄勒冈州
2 南美	8 索诺马与纳帕
3 日本	9 美国
4 澳大利亚	10 智利
5 新西兰	11 阿根廷
6 加拿大	

澳大利亚	美国（加利福尼亚）	新西兰	美国（俄勒冈）
翰斯科神恩山 干红葡萄酒 1996	约瑟夫·菲尔普斯 酒园勋章红葡萄酒 2001	怀塔基酒庄 黑皮诺葡萄酒 2004 瓦利	连襟酒庄 黑皮诺葡萄酒 2001
澳大利亚的葡萄酒浓郁而甘甜，整体来说不会令人失望。神恩山的土地上拥有现存最古老的西拉树，再加上当地凉爽的气候条件，诞生出拥有压倒性浓缩度的矿物质味道与精致风味的葡萄酒。	凭借在科罗拉多开发不动产而大获成功的约瑟夫·菲尔普斯，在1974年创建了一个葡萄酒酿造厂。同年问世的勋章红葡萄酒，就以其极高的完成度和充满知性的高雅风味，将美国的另一个侧面完美地表现了出来。	黑皮诺兼具土地的沉稳，以及天空的通透，而新西兰的黑皮诺葡萄酒则纯粹地表现出后者的一面。这款葡萄酒是在凉爽的奥塔哥中部地区，稀有的石灰质土壤中最值得瞩目的产地的代表作。	嬉皮士米歇尔·艾兹尔来到俄勒冈，并且在1992年成立了酿造厂。尽管他看上去好像一个无赖，但实际上却是一个地地道道的完美主义者。他的葡萄酒全部选用有机葡萄酿造，含有丰富的矿物质味道，兼具强劲与纤细的口感。饮用前必须熟成。

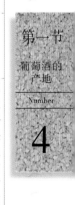

Hill of Grace 1996 Henschke, Australia

Insignia 2001 Joseph Phelps, California, USA

Pinot Noir Waitaki Vineyard 2004 Valli, New Zealand

Pinot Noir The Beaux Frères Vineyard 2001 Beaux Frères, Oregon, USA

葡萄园里的工作一年到头连续不断。生产者饱含深情地工作，是酿造出高品质葡萄酒的基础。

葡萄园里的工作

当我们遇到令人难忘的葡萄酒时，都会不由得对生产出如此充满魅力的葡萄酒的大自然心生敬畏。甚至对葡萄酒诞生的过程感到十分的神秘。葡萄酒那妙不可言的味道、芬芳的香气、诱人的色泽究竟来自于何处？那自然是来自于葡萄。正因为葡萄之中含有丰富的水分、糖分、单宁、酸以及其他各种各样的成分，葡萄酒才会拥有如此的魅力。那么，葡萄之中的这些成分又是如何产生的呢？答案是来自于葡萄叶的光合作用。换句话说，葡萄叶是生产出葡萄酒味道、芬芳与色泽的加工厂。因为葡萄也是扎根于大地之中的植物，所以葡萄叶工厂所需要的水分和养分等原料，也是通过葡萄树的根部吸收的。

葡萄叶之中含有叶绿素。叶绿素可以利用太阳的能量将二氧化碳和水转变为糖分（有机化合物）和氧，这就是光合作用。糖分可以产生出多种多样的有机化合物，当葡萄的果实开始成熟时，糖分就会被运送到果实之中，并且产生出色素、香味、单宁和酸等成分。伴随着葡萄的逐渐成熟，果实中的甜味逐渐增加，还会产生出其他各种各样的味道和香味。毫无疑问，所有的这些变化都是以葡萄树的健康为前提的。

在葡萄田里，几乎一年到头都闲不下来。即便在收获之后，还要根据当年葡萄的状态，向土地中补充不足的成分。在春天到来之前，要选择适合生长的枝和芽，剪掉不需要的枝杈。如果你在严冬期来到葡萄酒的产地，肯定会看到在凛冽的寒风中，默默进行剪枝工作的葡萄生产者的身影。这项需要花费大量时间和精力的工作，过去对于生产者来说是非常辛苦的工作。春季，葡萄树接连生长出新的枝杈，葡萄田里的工作又多了起来。将多余的枝和芽去除，将优秀的枝杈用铁丝固定，整理葡萄树的形状让叶片全都能够照到阳光。顺便说一句，葡萄的果实就结在这些新的枝杈上。等葡萄树开花结果时就已经是夏季了。夏季要进行剪枝、摘串、除叶等各种各样的工作来促进葡萄的生长。

最近，像这种通过一系列的工作，使葡萄树周围的环境更适合葡萄生长的行为被称作葡萄藤的冠层管理（Canopy management）。冠层管理最大的目的在于提高光合作用的效率。这可以提高果实和品质，从而提高葡萄酒的品质。生产者在葡萄田里的绝大多数工作，实际上都是为了这一目的。可以说生产者的每一项工作都有其相应的意义。在他们的辛勤劳作中，叶子通过光合作用改变葡萄果实的味道、芬芳以及形状。不得不让人感到其中充满了神秘。

创造葡萄酒味道、香气以及色泽的栽培过程

图1【休眠】冬季，葡萄树看上去像枯树一样，当然实际上并非如此，只是停止树液流动进入休眠状态而已。在休眠期，需要对葡萄树进行冬季剪枝为春季的生长做准备。工作内容主要是将上一个季节残留的多余枝杈和蔓藤等剪掉。同时决定下一个季节的芽数（萌芽后成为新梢的芽的数量）、新梢的配置和密度、收获量以及控制葡萄果实的品质。

图2~图3【浇水—萌芽】春季，伴随着气温的升高，树液开始流动。被吸收上来的树液会从剪枝后的切口处滴落。这就是葡萄泪。在法国的勃艮第，葡萄在4月就开始萌芽，并

且长出绿色的叶片。刚刚发芽的叶片颜色，根据不同的品种略微有些区别。到了5月的展叶期，葡萄的生长速度明显加快。生产者需要将多余发芽的枝杈，以及从树干上伸出来的枝杈摘掉，调整新梢的数量。因为葡萄只会在新梢上结果（长出果实的新梢被称为结果枝），所以调整新梢的数量与剪枝和摘串一样，都是决定收获量的重要工作。将不断伸长的新梢用铁丝固定，引导其生长的方向是生产者在这一时期每天必不可少的工作，目的在于让叶片能够完全享受到阳光的照射。

图4~图6【开花—结果】到了6月，葡萄树会开出可爱的白色花朵，出现坚硬的果实。结果后葡萄的果实会迅速变大，7月，在炎炎的烈日下，葡萄田

里的工作仍在继续。这时的葡萄果实会开始出现色泽（这一时期被称为转色期）。夏季的剪枝是这一时期最重要的工作。这时需要将伸出来的枝杈最前端剪掉，让新梢的长度相同，调整树的形状。通过抑制新梢的伸长可以控制葡萄的生长。因为葡萄都是在先端部分生长，所以这种方法可以有效地控制树势。另外，将成熟前的葡萄串有选择性地摘掉，可以使剩下的葡萄串的糖分含量增加，也是控制收获数量的有效手段。如果摘串的时期过早会使收货时的果实过大，所以需要根据土地条件和树势进行操作。刚过结果期的时候，为了使葡萄串更多地接触到阳光，需要将葡萄串周围的叶子摘除。这项工作被称为除叶，阳光可以使葡萄果实中的甲氧基吡嗪减少，促进果实上色。

图7~图9【转色—收获】葡萄出现色泽后，需要根据糖度上升、酸度减少以及单宁的成熟度来进行收获。还会对影响色泽的化合物和影响香味的成分进行测量，作为收获时期的判断标准。除了这些数据之外，对成熟的葡萄进行亲自品尝来检查单宁和果实的味道也是非常重要的。

图10【落叶】收获结束后的葡萄树会在10月开始落叶，葡萄田再次回归寂静。这一时期需要给土地施加肥料，并且重新进行耕作。可以使用拖拉机（图中的拖拉机是能够在葡萄田中使用的类型）或者马匹进行耕作，实际方法根据生产者有各种各样的区别。同时，葡萄树也会进入休眠期。

土壤的性质可以通过土性和地质来进行说明。不同的土性和地质，构成了葡萄酒味道的基础。

土性与地质

葡萄酒是农产品，是土地的表现。葡萄酒的味道是栽培葡萄的土地性质的表现。决定土地性质的因素很多，其中最重要的因素是土壤。香槟地区最优秀的生产者之一安塞尔姆·塞洛斯这样说道："将植物用火点燃，从太阳而来的要素会燃烧，从土壤而来的要素则会化为灰尘残留。尽管残留下的比率只有原本植物的3%，但这些要素却是葡萄酒的决定性因素。李其堡和罗曼尼圣维旺酒园相距不远，土地上享受的阳光都是一样的，但这两个地方出产的葡萄酒却完全不同。"

土壤之间的区别无法用一句话概括，可能是构成土壤的粒子大小这种物理上的差异。土壤中包含的铁、钙等化学组成的差异，以及由此带来的土壤pH的差异。决定葡萄获得多少水分补给的土壤保水性的差异，土壤肥沃度的差异带来的有机物含量的差异，生存在土壤中的细菌和蚯蚓等土壤生态系统的差异……这些复杂的因素综合在一起，形成了特有的土壤形态，最终通过葡萄酒反映出来。

简单地说，太阳带来的是果实的味道，土壤带来的则是矿物质的味道。但需要注意的是，葡萄酒中的矿物质味道，并不是葡萄酒中含有的矿物元素的味道。葡萄树的根并不会直接吸收钙和镁等元素，我们的舌头也无法直接感知除了铁之外的其他矿物元素的味道。

但我们还是能够感知矿泉水和蒸馏水、依云和矿翠之间的区别。抛开科学依据不谈，葡萄酒中的矿物质味道，也是通过这种感觉上的事实来感知到的。

从经验上来说，与葡萄酒的矿物质味道有显著联系的土壤性质就是土性和地质。所谓土性，指的是石砾、粗沙、细沙、泥沙、黏土等土壤粒子的差异和比率。像公园的沙堆一样沙粒多的被称为沙质土壤（比如加利福尼亚的中央谷），像河岸一样沙粒多的被称为砾质土壤（或者称为沙砾质，比如波亚克）。地质指的是在地球的历史中何时构成（侏罗纪或三叠纪等）或者如何生成的岩石（砂岩和片岩等），比如香槟地区就是白垩纪的白垩岩土壤，夏布利是侏罗纪的泥灰岩土壤。

有兴趣的读者朋友可以从相同产地、相同年份、相同品种的葡萄酒中，选择不同土性和不同地质的葡萄酒，然后仔细地品尝一下。这样你肯定会感觉出矿物质味道的区别，这也是品鉴葡萄酒的基础。同时你也会真正地了解葡萄酒的味道是栽培葡萄的土地性质的表现这句话的含义。

土性的差异		地质的差异	
沙砾・沙	黏土	花岗岩	石灰岩

Château du Tertre 2002

Château Giscours 2002

Riesling Grand Cru Schlossberg 2003 Domaine Albert Mann

Riesling Grand Cru Furstentum 2003 Domaine Albert Mann

| 杜特酒庄
干红葡萄酒
2002 | 美人鱼酒庄
干红葡萄酒
2002 | 阿伯曼酒庄
2003 舒洛斯伯雷司令
特级半干白葡萄酒 | 阿伯曼酒庄
2003 芙丹藤雷司令
特级半干白葡萄酒 |

阿扎克村的杜特酒庄，位于马歌产区中最高的地点，海拔38米。荷兰的超市老板E.伊尔格斯曼在1997年买下了这座酒庄。这座酒庄的等级为5级。2002年的品种构成为赤霞珠55%、梅鹿辄30%、品丽珠15%。平均树龄35年。橡木桶发酵，50%使用新桶，18个月熟成。土壤较轻，主要由沙砾和沙土构成（参考照片）。透水性非常好，肥度较低，属于非典型的波尔多左岸的土壤。轻型土壤产出的葡萄酒色泽较浅，香气较淡，单宁柔和，这款杜特酒庄干红葡萄酒也不例外。

位于拉巴尔德村的美人鱼酒庄与杜特酒庄属于同一个所有者，也是1997年购入的。等级为3级。海拔30米左右。2002年的品种构成为赤霞珠60%、梅鹿辄40%。平均树龄35年。使用水泥酒桶发酵，55%使用新桶，18个月熟成。土壤为略带红色的黏土（参考照片）。这款葡萄酒的色泽浓，具有刺激性的黑色果实的芳香，质感厚重。这两款葡萄酒都来自玛歌产区，属于相同的所有者，几乎用相同品种的葡萄制造。是沙质土壤和黏土质土壤的最佳样本。

雷司令一般种植在火成岩（岩浆冷却后形成的岩石）或变质岩（受到岩浆的热量作用或地壳压力而变化形成的岩石）的土壤上。前者的代表是阿尔萨斯地区非常多的花岗岩，后者的代表是奥地利非常多的片麻岩和德国非常多的黏板岩，在地质学上的生成时期距今数亿年。这些土壤较轻，含有一定量的水分，非常适合雷司令生长。阿伯曼的舒洛斯伯属于花岗岩土壤。这片土地栽培出的雷司令所酿造的葡萄酒具有丰满的果实味和柔和的酸味。照片是薄酒莱地区的花岗岩，可以看到云母和长石的结晶。

在欧洲的葡萄田中最常见的石灰岩，是海中生物的尸体堆积在海底形成的，碳酸钙含量在50%以上的岩石。阿尔萨斯的著名生产者奥利维・温布莱希特说过"石灰岩土壤因为保水性好温度较低，所以很容易变硬"，阿尔萨斯地区拥有大量这种性格敏感的土壤。位于舒洛斯伯东部的芙丹藤，属于侏罗纪晚期的地质，生产出来的葡萄酒含有精密的矿物质味道和华丽的果实味道。对相同生产者的相同品种，但不同地质进行比较的话，就可以感觉到地质对味道的影响。照片是勃艮第的酒窖中的石灰岩。

第二节

葡萄栽培与
葡萄酒酿造

Number

2

葡萄田里的葡萄树排列十分整齐。
而创造出这幅景象的剪枝与支架是
决定葡萄酒品质的重要因素。

剪枝与支架

第二节
葡萄栽培与
葡萄酒酿造

Number

3

葡萄属于蔓藤性植物，具有向上生长的趋光性。如果没有支撑物的话，那么葡萄藤就会在地面上蔓延，可能出现撕裂和断折的情况。同时地面上的蔓藤也无法充分地享受阳光，难以生长出优质的果实。所以，几乎世界上所有的葡萄产区，都会用木棍和铁丝来支撑葡萄。支架法的诞生具有其必然性。尽管也有不用支架使葡萄藤自立的高杯式方法，但这是极端的特例。现在，全世界实际使用的支架法种类非常多，这也从另一个侧面说明了人类的葡萄栽培历史有多么的久远和漫长。

首先我们要区分剪枝法（Pruning）和支架法（Training system）。尽管两者之间的关系非常密切，但却属于不同的概念。剪枝法指的是"如何将枝杈剪断的方法"，支架法则是"安排葡萄的枝杈和蔓藤，修正葡萄树的形状"。

VSP（Vertical Shoot Positioning）是世界上最普及的支架法，一般被称为平墙支架法的都属于VSP。VSP指的是将作为基础的枝杈向水平方向引导，将结果枝（新梢）垂直向上引导的方法，不过实际情况也有不同的叫法，比如将结果实的母枝进行长梢剪枝的时候称为古约、短梢剪枝的时候称为科尔顿。不同的支撑方法可以控制蔓藤伸展的方向，将原本向上生长的蔓藤引导向其他方向的话，可以降低葡萄树的生长势头（树势）。如果树势过强，那么葡萄树就会和葡萄果实抢夺养分，导致果实的品质降低，反之，如果树势太弱，那么能够进行光合作用的叶片数量就会不够，也会导致果实的品质下降。也就是说，葡萄树的支架方法，要根据树势的情况，来控制葡萄的品质。

不过需要注意的是，支架法本身与葡萄的品质没有直接的关系。除了树势之外，品种、土地、天气等都会对葡萄造成影响。

尽管VSP是主流的支架法，但世界上还存在其他的支架法。应该根据栽培的葡萄品种，当地的土壤环境和气候以及地形等综合因素，选择最合适的支架法。另外，绝大多数的支架法都需要投资购买木桩和铁丝等支架设备，同时维护也需要一大笔费用。应该在考虑这些因素的前提下，选择最适合自己的葡萄栽培和葡萄酒酿造的支架法。尽管葡萄酒的生产是一个多种因素综合影响的结果，但支架法在其中的重要性也是不言而喻的。

剪枝法的分类

长梢剪枝
Cane Pruning

将第一年的长梢作为下一季的新梢结果枝留下的剪枝方法。作为基础的枝杈每年都会更换，上一季的新梢结果支在第二年会被剪掉。上下两个方向都可以引导新梢。由于长梢剪掉的芽数较多，所以正中央可能出现没有发芽的情况，也可能新梢上的发芽比较混乱，所以剪枝需要非常熟练才行。

照片上水平方向的枝杈是上一季的结果枝在剪枝时剩下的。垂直方向伸出来的枝杈中，除了下一季用的两根长梢（结果枝）以及备用的两根短梢之外，其他全部剪掉。这本是法国传统的支架法，19世纪乔尔·古约博士对其进行了研究，从而使其在全世界范围内普及开来。这种支架法也以他的名字命名为古约法。照片上将长梢安排在两侧的双古约法，在波尔多非常普遍。将长梢安排在一侧的方法被称为单古约。比较适合产量较少的品种。

短梢剪枝
Spur Pruning

第一年的短梢作为下一季新梢结果枝留下的剪枝方法。通常只留下两个芽。水平方向固定的基础枝杈每年不变。这个粗壮的枝杈被称为主枝。因为短梢剪枝的操作比较简单，所以需要的

时间较短，也可以采取机械化操作。由于发芽时不凌乱，所以新梢的数量每年都很稳定。
照片是冬季剪枝前的状态，和背景有些重叠可能看得不是很清楚。从树干向左侧伸出的粗壮枝杈就是主枝。剪枝时将前一季向上方伸出的细枝剪掉，留下主枝。这种支架法适合树势比较强的葡萄田。以前欧洲比较流行将主枝留在一侧的方法，但最近两侧都留主枝的方法也多了起来。因为这种剪枝法比较简单，可以机械化操作，所以在新世界非常普及。短梢剪枝的VSP支架法被称为科尔顿式。

支架法的分类

VSP
Vertical Shoot Positioned

使新梢垂直向上伸展，使用铁丝固定的支架法。因为形状比较简单，适合机械剪枝和收获，但因为新梢是向上引导的，所以不适合树势旺盛的情况。VSP支架法同时适合长梢剪枝和短梢剪枝，前者的搭配被称为古约式，后者被称为科尔顿式。右图长梢和短梢的照片都是VSP支架法。

棒支架法
Arched Cane

不使用铁丝固定的支架法。将长梢剪枝的枝杈弯曲成拱桥的形状，在这种情况下，经常像照片一样使用一根木棒来固定树干。这幅照片只拍到了拱桥状长梢的下半部分。由于弯曲长梢的正中央很容易萌芽，所以这种支架法很适合有萌芽问题的产地使用。这也是德国最普遍的支架法。

棚支架法
Overhead Trellis

在日本的栽培环境中，以直接食用葡萄栽培为中心广泛采用的支架法，就是棚支架法。日本特有的葡萄品种基本都是使用这种支架法栽培的。长梢剪枝和短梢剪枝都可以与之搭配，长梢剪枝的X形支架法比较普遍，更加便于剪枝和收获，而且可以密植的一字形短梢支架法逐渐流行起来。

株支架法
Goblet

与棒支架法一样，不使用铁丝固定的古典支架法，一般与短梢剪枝搭配使用。在比较低矮的树干上将主枝围绕成高脚杯一样的圆环形。正如照片上所示的那样，葡萄树每一棵都是独立的。这种方法不必控制树势，不会对葡萄树产生压力。这种方法从罗马时代就已经开始应用，在法国、地中海各国、意大利、西班牙等国家都有广泛的普及。

第二节

葡萄栽培与葡萄酒酿造

Number

3

葡萄酒是由土地决定的，而土地是分级别的。在漫长的历史中得到确认的普遍价值正存在于此。

土地的级别

"葡萄酒品质的八成是由土地决定的"。很多生产者都这样说。他们所说的"土地"，包含两个意思。一个是剪枝和除芽等在土地上的工作内容和质量，另一个就是土地本身的潜在能力。

不管付出多少努力，如果土地本身不适合葡萄栽培，比如过于肥沃的河川和湿度太高的热带雨林，都无法生产出美味的葡萄酒。所以选择合适的土地是栽培葡萄的先决条件。实际上，在葡萄酒5000多年的历史中，人类也已经找到了合适的土地，并且将其改造成了非常优秀的葡萄田。

即便在适合栽培葡萄的土地之中，如果仔细观察，也会发现有的土地每年都能生产出非常优秀的葡萄酒，而旁边的土地则只能生产出普通的葡萄酒，存在着这样的区别。而且，各个土地生产出来的葡萄酒的品质之间也存在着非常密切的联系，在明确了这一点之后，土地本身也产生了自上而下的级别。

欧洲葡萄酒法的基础"法定产区"这一概念本身，就是土地的级别。比如波尔多、上梅多克、波亚克，土地范围限定的越

第二节
葡萄栽培与
葡萄酒酿造

Number

4

特级（Grand Cru）

欧歌利屋酒庄特级黑中白香槟

Blanc de Noirs Grand Cru N.V. Egly-Ouriet

欧歌利屋酒庄是自产自销（RM）的代表之一，拥有全香槟地区最高的品质。欧歌利屋酒庄特级黑中白香槟是用1945—1946年的古木黑皮诺，木桶发酵（1999年之后）而成的葡萄酒。香槟地区的收获量一般是80hL/ha，但这款葡萄酒由于采用了绿色采摘的方法，将产量限制在40~45hL/ha，因此能够在其中感受到凝缩后的矿物质味。不过高品质葡萄酒的前提是土地本身的能力。位于兰斯山产区东南斜坡上的特级产区安邦内村，是香槟地区17个特级产区中最优秀的一个。这里栽培的黑皮诺口感丰富，单宁柔和，香气馥郁，具备非常优秀的品质。

、级别也就越高。而土地的级别越高，其出产高品质葡萄酒的可能性就越高。在勃艮第，土地的级别一目了然。从上到下分别是特级（Grand Cru）、1级、村名、地区名。而且每个特级葡萄园，都有各自单独的法定产区。

还有一些没有法定产区规定的级别，但是经过历史的沉淀，其品质得到广泛认可的土地也会受到一些特别的待遇。比如香槟，拥有法定产区称号的只有香槟产区。但是根据多年以来的销售习惯，当地各个村庄的土地都有各自的级别。优秀的土地被称为一级葡萄园，最好的土地被称为特级葡萄园，而且还允许在酒标上如此标记。

每个人在购买葡萄酒时，首要个人主观的满意度。而级别则是无品。所以级别能够反映普遍的品

的原则都是好喝。但这里所谓的好喝只是数人在漫长的历史中构筑起来的智慧的质高低。

要想彻底了解土地的级别，最级别高低的顺序依次品尝进行比择相同生产者、相同年份、特级行比较。你就会发现这两种级别上的区别。这并不属于个人的喜定这一因素的是土地的潜力，而别葡萄酒爱好者和普通消费者

好是能够将多个主要产地的葡萄酒，按照较。比如勃艮第的哲维瑞—香贝丹村，选的香贝丹和村名级别的哲维瑞—香贝丹进的葡萄酒在复杂性、余韵以及优雅程度好，而是葡萄酒本质上的品质差异。决是否能够分辨出其中的差异，也是区的方法之一。

葡萄栽培与
葡萄酒酿造

Number

4

一级（Premier Cru）

乔治·拉瓦尔酒庄
一级库米埃香槟酒

Cumières Premier Cru N.V. Georges Laval

乔治·拉瓦尔从20世纪70年代开始就坚持有机栽培，库米埃的土壤非常柔软，能够使人感觉到生命力。这款葡萄酒的酿造过程也非常严格，不进行任何的糖分补充，通过天然酵母使用木桶发酵，不进行过滤，二氧化硫的添加量也非常少。但土地级别的限制是不可否认的，一级（在香槟地区有41个）葡萄酒与特级葡萄酒相比，浓度更小、口感更简单，余韵更短。不管在哪个产地，对土地级别进行比较时，这种情况都是不可避免的。香槟地区土地的级别差异不是很明显，如果在阿尔萨斯或勃艮第的话，葡萄酒品质之间的区别就会一目了然。如果想要理解葡萄酒、了解产地的个性，获得至高无上的满足，大量地品尝葡萄酒显然是很没有效率的做法。最好的办法是选择各个产地的特级葡萄酒（或者最高级别），仔细地进行品味即可。

了解葡萄变成葡萄酒的过程，可以使我们了解到隐藏在味道深处的奥秘。

葡萄酒的制作工序

在无数的水果之中，只有葡萄酿造的葡萄酒传遍了整个世界，在众多的土地上扎根，引出了土地的个性，并且诞生出相应的文化。实际上，如果只是用葡萄酿酒的话，并没有什么难的。将葡萄碾碎，让葡萄中的糖分和酵母接触，果汁就会变成美酒。但是，如果想要按照自己的想法酿造葡萄酒，那事情就完全不一样了。葡萄酒在酿造的过程中都需要有人工的参与。过程大致可以分为三个阶段。第一是葡萄酒的酿造准备。第二是酿造葡萄酒。第三是培养葡萄酒。

第一阶段是选果，从收获的葡萄中选择适合酿酒的葡萄，然后将葡萄碾碎，使其变成容易发酵的状态。尽管葡萄本身在葡萄田中是经过一轮筛选后才收获的，但酿酒前还是需要进一步的甄选。选择最优秀的原料，是保证葡萄酒品质的关键。最近这项行为也愈发地受到了重视。1990年以后，选果台在波尔多和勃艮第普及开来，如今拥有振动式、传送带式以及吹风机式等各种各样的选果台。在波尔多，第一轮选果后，还有第二轮选果。这种情况下，第一轮是成串选择，第二轮则是按粒选择。

第二阶段是将葡萄中的糖分，通过酵母的作用变化为酒精和二氧化碳。这一阶段也被称为发酵。葡萄也在这一阶段变成葡萄酒。在葡萄酒的酿造过程中，酵母是必不可少的。选择

1 → **2** → **3** → **4** →

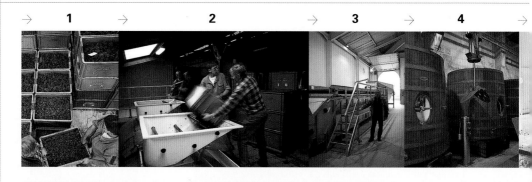

葡萄酒的个性诞生的过程

图1~图2将葡萄田中收获的葡萄运往酿造厂，进行酿造前的准备工作。最近，有些生产者开始使用不会损伤葡萄的型收获用塑料桶。
图3酿造高级葡萄酒的时候，要在装料前进行选果，手工去除果梗和叶片等杂物，还要将未成熟的果粒以及腐烂的果去除。最近开始使用照片上的机械来进行这项工作，各地所使用的选果台也各不相同。
图4将葡萄压碎，使果皮、果肉、果汁混合在一起。这时发酵准备结束，可以开始进行发酵工作。使用培养酵母的情下，这时将培养酵母放进去。使用自然酵母的话，就等待酵母自然发酵。关于发酵容器，既有木质的发酵槽，也有能控制温度的最新型的金属发酵桶，可以说形状、材质、功能多种多样。最近还出现了在木质发酵槽上加装温度控制仪的传统容器与最新科技融合的情况。混合物在发酵时会产生二氧化碳，这种力会将果皮和种子推向上方形成果帽。了使果帽与果汁接触而进行的人工踩动和机械循环（参考44页）也是在这一时期进行。这种方法可以有效地提取出果和种子中含有的色素与单宁，还可以向混合物中提供氧气。
图5发酵结束后开始压榨葡萄酒。当然，压榨机的力量、速度以及构造，都会对葡萄酒的味道产生影响。另外，红葡

何种酵母进行发酵，也就是选择培养酵母还是选择自然酵母，是摆在生产者面前无法回避的问题。需要知道的是，培养酵母和自然酵母都是微生物。虽然叫作培养酵母，但实际上也是自然界原本就存在的酵母，是从自然酵母中选择具有某种特性的酵母培养出来的。

在发酵过程中，还有一个重要的环节就是提取。发酵前的浸渍，最近作为红葡萄酒制造过程中的一环而越来越多地受到重视。这道工序是在没有产生酒精的状态下，将葡萄的果皮和果肉压榨成果汁，将其中的红色素提取出来，同时进行多种发酵反应。提取多在低温下进行，水溶性色素肯定可以通过浸渍提取，但非水溶性的单宁则不会被提取出来。与之相对的，如果在发酵后浸渍，因为已经产生了酒精，所以色素和单宁都会被提取出来。在发酵的过程中，调整温度和氧气的程度，以及发酵中果皮、果肉等固形物与液体的接触方法，还有其他各种各样的因素，都会对葡萄酒的味道产生影响。

刚刚发酵结束的葡萄酒，主要是葡萄发酵产生的香味。但经过第三阶段的培养，香味就会变得更加复杂。这就是葡萄酒的熟成。在此期间，会发生使葡萄酒中的苹果酸变为乳酸的苹果酸乳酸发酵（参考42页）。通过苹果酸乳酸发酵，葡萄酒会产生出黄油一样的香味。熟成期间与氧气的接触，也会给葡萄酒的味道带来很大的影响。最近，除了传统的通过消除沉淀与氧气接触的方法之外，还有人工添加氧气的方法。各个阶段决定葡萄酒色香味的要素有很多，生产者需要对此进行判断。根据生产者的判断，葡萄酒最终表现出的情况也是完全不同的。

→ **6** → **7** → **8** → **9**

酒是发酵后再压榨，而白葡萄酒则是先压榨后再发酵（图4与图5的顺序颠倒）。接下来葡萄酒将在木桶或不锈钢桶中继续熟成。照片上的垂直式木质压榨机是香槟地区最常用的一种。最近垂直压榨机的好处又得到了世人的认可。

图6～图7生产者在这一阶段要进行熟成，掌握葡萄酒的状态。熟成期间，酵母的残骸会沉淀在桶底。酵母的残骸沉淀后会进入还原状态，很容易像温泉蛋一样出现还原臭味。因此，需要将上方干净的葡萄酒从酒桶中先取出，使其充分接触氧气再重新转移到桶中，为了防止出现还原臭味，还要将沉淀物清除。这项工作会使葡萄酒的味道变得更加复杂。在波尔多，还用蜡烛火来灼烧葡萄酒，使酒体与沉淀物分离，很早以前就有酒庄采取这种方法分离沉淀物。

图8另一方面，还有在熟成中让酒体与沉淀物接触，使葡萄酒产生氨基酸的方法。将沉淀与葡萄酒一同保存，并且在此期间如照片上所示的那样，用搅拌棒进行搅拌使沉淀物与酒体充分接触。这项过程主要应用在白葡萄酒上，最近也有生产者将其试用在红葡萄酒之中。

图9熟成后，葡萄酒会出现更加复杂的香气和味道，接下来就是最后一道工序装瓶，再然后就是静静地等待被送到消费者的手中。

容器材料的感触，与葡萄酒的感触十
分相似。发酵容器的不同，可以使葡
萄酒的味道产生令人惊异的差别。

不锈钢桶发酵与木桶发酵

第二节

葡萄栽培与
葡萄酒酿造

Number

6

葡萄在发酵时，需要放入一个容器之中。这个容器是不锈钢桶，还是木桶，或者泥土桶，都会对葡萄酒的味道产生影响。所以在介绍葡萄酒的时候，都会提起这款葡萄酒是用何种容器发酵的。

根据我的经验，发酵桶素材的感触，与葡萄酒的味道之间，有着密切的联系。不锈钢桶发酵的葡萄酒，拥有坚硬且寒冷的味道。木桶发酵的葡萄酒则温和柔软。泥土桶发酵的葡萄酒口味厚重十分有特点。

现在使用最广泛的是不锈钢桶。因为不锈钢桶容易清洗，结实耐用，便于进行温度管理，从20世纪70年代以来便得到了广泛的普及。

要想使酒精顺利发酵，酵母必须充分地发挥作用，而温度过高或者过低都会影响酵母的发挥。如果使用不锈钢桶的话，可以在两层不锈钢壁的中间层或外侧围绕线卷状的导管，通过导管中冷水或热水的流动，来调整最适宜发酵的温度。另外，由于温度和最终葡萄酒的风味之间也有很大的相关性，所以通过对温度进行调整，也可以使葡萄酒最终的风味更符合生产者的需求。

但90年代之后，人们对不锈钢桶也提出了越来越多的疑问。不锈钢桶虽然容易进行温度调整，但同时不锈钢材质还容易导热，所以外界气温的变化会很容易传导进容器内部。也就是说，容器内部的葡萄酒，经常会受到微妙的温度差的影响，这对于酵母的活动具有不好的影响。而且，不锈钢还具有导电性，可能对葡萄酒产生电流干扰。

于是，保温性更好的木桶和泥土桶又重新得到人们的重视。过去这两种材质的桶很难控制温度，但随着科技的进步，现在人们可以通过外接的简易热交换装置来控制温度，使得这个问题迎刃而解。

木桶拥有其他材质的酿酒桶所无法比拟的透气性。单宁与氧气结合可以使口感更加丰满，从而提高葡萄酒的整体品质。另外，由于木桶上部比较窄，果帽不容易浮上去，能够更有效地进行浸渍。

不过，木桶的价格比较昂贵，50hL容量的就要17.5万元，是不锈钢桶价格的2倍，清洗干净所需的时间更是不锈钢桶的4倍，花费的人工费自然更贵。此外，木质纤维中很容易产生细菌，卫生管理也是一个难点。

因此，具有一定的透气性，保温性极强，不导电，而且容易清洗的泥土桶，在近年来越来越多地得到了生产者的好评。

不锈钢桶	橡木桶

拉图尔酒庄
葡萄酒
1990

拉菲庄园
葡萄酒
1975

Château Latour 1990

Château Lafite Rothschild 1975

拉图尔酒庄是在梅多克的列级酒庄中最早（1964年）使用不锈钢酒桶的。而在使用木桶的时期，像1959年那样炎热的夏季，为了降低桶内的温度，拉图尔酒庄的生产者采取过往容器内加冰块的方法。在一级酒庄中，除了拉图尔之外，还有侯伯王酒庄也选用不锈钢桶。不锈钢桶酿造出的葡萄酒别有一番风味。与波伊雅克村其他使用木桶的一级酒庄的葡萄酒相比，拉图尔酒庄的葡萄酒味道更加明快，具有现代的风味，能够感觉到更为纯粹的水果味道。在我的记忆中，木桶时代的口感似乎更为厚重，但对此我也无法确认。拉图尔酒庄的土壤底土为黏土，土地本来的性质就会使葡萄酒产生厚重的口感，可以说不锈钢桶又为其赋予了高雅的内涵。（不锈钢桶的照片来自杜特庄园）

拉菲庄园葡萄酒由连续使用多年的150~300hL的橡木桶发酵而成。在一级酒庄之中，玛歌酒庄也使用橡木桶发酵。由于1982年葡萄产量大增，发酵容器不足，所以拉菲酒庄添置了一些不锈钢酒桶，但后来发现不锈钢酒桶酿造的葡萄酒品质不如橡木桶好。所以拉菲酒庄的不锈钢酒桶只用来生产二级葡萄酒。上等葡萄酒用橡木桶或泥土桶，下等葡萄酒用不锈钢桶的做法，在其他酒庄也很常见，但这种情况从来都不会反过来。橡木桶酿造的拉菲庄园葡萄酒，使人感觉微妙而顺畅。味道并非一条直线，而是如同达·芬奇描绘的人体曲线一样渐变，这正是橡木桶的魅力所在。（橡木桶的照片来自杜霍酒庄）

在介绍葡萄酒的时候经常出现MLF这个词。可以说MLF决定了葡萄酒的性格。

苹果酸乳酸发酵（MLF）

MLF（Malo-Lactic Fermentation），也就是苹果酸乳酸发酵，是将葡萄酒中含有的苹果酸，在乳酸菌的作用下，变为乳酸和二氧化碳的过程。

这么解释的话，听起来只不过是了。但是，这个词却在介绍葡萄酒的为MLF的有无，会使葡萄酒的味道产

在葡萄酒的味道之中，酸味是非是酒石酸，1L中含有5~10g。这是只存中主要是柠檬酸，而在葡萄中，柠檬有1~3g的氨基酸，则在发酵时成为酵果酸，在葡萄中的含量是2~4g/L。也和苹果酸。

酒石酸在葡萄变成葡萄酒之后

与葡萄酒酿造相关的化学过程之一罢时候经常出现。之所以会这样，是因生极大的差异。

常重要的。葡萄本身就含有酸，主要在于葡萄之中的特别的酸。其他水果酸的含量只有酒石酸的1/20。而1L中含母的营养。在水果中最普遍存在的苹就是说，葡萄中含量最多的是酒石酸

也仍然存在。我们有时会在葡萄酒

苹果酸乳酸发酵

西多会在1130年开垦的这块7ha的土地——赛宏河葡萄园——拥有独自的法定产区称号。尼古拉斯·卓利从1980年开始推广有机农法，到1984年将所有的土地都换成了有机农法。尽管他之前的葡萄酒一直没有MLF，但近年来尼古拉斯·卓利亲口承认有"7成的葡萄酒发生了MLF"。他说"并非故意不进行MLF，而是之前的葡萄酒pH都在3.1以下，5年前忽然升到了3.2，自然而然就开始出现MLF"。他认为MLF既有"好像漂亮的裙子一样"积极的一面，也存在"虽然看上去好看，却会让人产生出追求美丽的趋势"的负面效果。不过在出现MLF之后，葡萄酒确实变好喝了。MLF葡萄酒的典型例子就是勃艮第。下图的照片是默尔索的雷米·乔巴德酒庄的橡木桶，正在发生MLF的样子。

尼古拉斯·卓利
2004
赛宏河葡萄酒

Clos de la Coulée de Serrant 2004 Nicolas Joly

的瓶底看到一些亮晶晶的结晶体，这就是酒石酸与钙结合后由于溶解性降低出现的沉淀物。葡萄酒的酸味主要来自于酒石酸，可以带来紧密的口感。而这种酸的含量，与栽培方法有很大的关系。如果肥料太多的话，酒石酸的含量就会减少。

苹果酸的味道就好像咬了一口青苹果一样，充满水果气息的清爽酸味。凉爽产地的苹果酸的含量多一些，而在炎热的地方苹果酸含量则较少。凉爽产地的葡萄酒味道比较清爽的原因就在于此。不同品种也有区别，歌海娜、梅鹿辄、赛美蓉的苹果酸少，赤霞珠、味而多、佳丽酿、慕合怀特等苹果酸较多。

在MLF的作用下变为乳酸的就是这个苹果酸。乳酸是和酸奶一样非常温和的酸味。另外，MLF可以将1g的苹果酸变为

碳，所以会降低葡萄酒中的酸量。酸量会降低1g，从而使葡萄酒的酸具有黄油风味的二乙酰，这也会给

M LF在葡萄酒的pH低于氧化硫的情况下（寒冷L），会受到抑制。所以，如果不要按照上述方法进行操作即可。意不要使用上述方法。

0.67g的乳酸和0.33g（165mL）的二氧化也就是说，进行MLF之后，每1L葡萄酒的味更加稳定、柔和。另外，MLF还会产生葡萄酒增添柔和的印象。

3.2，或者温度在10℃左右，或者添加二的产地50mg/L，气温正常的产地100mg/喜欢MLF，想要得到清爽风味的时候，只反之，如果喜欢MLF的柔和口味，那就注

无苹果酸乳酸发酵

予厄高地园一级
甜白葡萄酒
2004

Vouvray le Mont Sec 2004 Domaine Huet

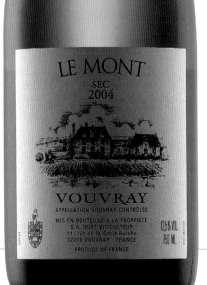

卢瓦尔河产区的主要品种白诗南，拥有不进行MLF的传统，保有非常清爽的酸味。白诗南是兼具高雅与野性的优良品种，蜂蜜与木瓜的风味在不进行MLF的情况下会带来非常独特的效果。予厄在1987年开始进行有机农法。8ha的高地园是他最优秀的土地，在三种单一田的葡萄酒中，这款葡萄酒拥有很高的格调，而且属于长期熟成型。无MLF的葡萄酒的典型主要包括澳大利亚与德国的雷司令。下图的照片是澳大利亚尼古尔的不锈钢桶。雷司令的高雅、充满透明感的矿物质味以及清澈感，与乳酸确实不太相称。在温暖的产地，由于口味很容易过于平淡，所以会下意识地阻止MLF，或者在MLF的途中强行停止，主要是为了增添葡萄酒的口感效果。

果汁、果皮与子应该如何接触？不同的方法会产生出不同的味道。

人工踩皮与机械循环

红葡萄酒是将果汁、果皮与子一同进行发酵的。果皮与子中含有的香味、单宁以及色素等成分，对红葡萄酒的性质起决定性的作用。

酒精发酵时产生的二氧化碳，会将果皮和子形成的果帽推向发酵槽的上方，漂浮在果汁之上。如果置之不理，果帽就会干燥，无法与果汁接触，从而无法提取出其中的成分，甚至还有在表面产生细菌的危险。尽管随着酒精发酵的进展，果汁与果帽会逐渐自然融合，但是在酒精发酵的前期，还是需要通过某些方法来使果汁与果帽充分接触。比较有代表性的两种技术分别是人工踩皮与机械循环。

人工踩皮顾名思义，就是用脚踩踏果帽，用手或者木棒向下按压，使果帽沉入果汁内的方法。但果帽实际上非常厚，大概相当于整个发酵槽的1/5 ~ 1/4，所以这项工作需要很大的力量。另外，发酵中产生的二氧化碳还可能使人窒息甚至死亡，所以这项工作也具有一定的危险性。因此最近很多酒庄都开始使用机械来进行这项工作。

不过，踩皮也不是单纯地将果帽压下去就行了。因为整个容器中的发酵程度并不均匀，为了使整个容器均匀发酵，需要在温度较低的部位多沉下一些果帽。这项工作可以提供酵母发挥作用所必需的氧气，所以追求高品质的生产者，都会用身体亲自感受温度，所以也亲自来进行人工踩皮的工作。

这种方法的好处是可以有效地提取有用的物质，葡萄酒不必经过水泵的强力挤压。所以像色素含量少，很难提取出来的黑皮诺，就经常用这种方法。而这种方法的缺点是，很容易过量提取。

而机械循环则是将葡萄果汁从发酵槽下部抽出，用水泵和软管将其送到发酵槽上方，然后在果帽上面倒下来的方法。果汁在通过果帽之间的时候，就会提取其中的成分。

这种方法由于果帽是没有移动的，所以提取效果较差。比较适合像赤霞珠这样原本就色素很多，单宁较强的品种。不过，由于提取时发酵槽上部是处于密封的状态，所以纤细的香气不会挥发而是留在了葡萄酒中，是这种方法的优点所在。此外，机械循环不依赖人力，在操作性和效率上都更胜一筹，大规模生产设施基本都采用这种方法。缺点在于，果帽内果汁流经的通道是固定的，所以无法均匀提取，另外，因为必须使用水泵，会对葡萄酒造成一定的压力。

综上所述，人工踩皮提取能力较强，机械循环提取能力较弱。生产者选择何种方法，取决于他更重视什么，而且这也会对葡萄酒的品质产生影响。因为红葡萄酒的味道是由提取的方法决定的，所以这两者之间的区别也是需要我们重视的问题。

人工踩皮	机械循环
路易亚都酒庄 1999 蜜思妮葡萄酒	亨利·贾伊尔 1990 依瑟索葡萄酒

Échézeaux 1990 Henri Jayer

Musigny 1999 Louis Jadot

几乎所有的勃艮第葡萄酒都采用人工踩皮。如果说人工踩皮意味着提取的强度，那么路易亚都的葡萄酒可以说是人工踩皮的最佳表现。该酒庄的酿造负责人雅克·拉尔迪艾尔被很多人称为天才，尽管他所说的话很难为常人所理解，不过我们还是能够感觉到，他为了将"风土的记忆"转移到葡萄酒里，使葡萄酒中蕴含的能量重新苏醒，而积极地采取人工踩皮的方法。他介绍说："如果葡萄足够好，就不怕人工踩皮和较高的发酵温度。"他所生产的蜜思妮，具有相当独特的肉质味道，使蜜思妮除了优美之外，还拥有了沉稳的一面。必须进行长期熟成。（左图的照片是位于波尔多右岸的大河酒庄的葡萄酒酿造用橡木桶）

尽管这个世界上有很多葡萄酒，但没有任何一款比亨利·贾伊尔的葡萄酒更能使人感觉到机械循环的味道。当我见到他的时候，问他"为什么你的葡萄酒，香味如此浓郁，口感如此顺滑，"他的回答非常干脆："机械循环。"尽管他也进行人工踩皮，但那只在发酵的最终阶段进行。他认为"黑皮诺含有大量的单宁，所以应该使其更加柔和。"但与亨利·贾伊尔那色泽较淡的葡萄酒相对的是勃艮第葡萄酒，勃艮第更多的是涩味较重的葡萄酒。尽管很多人都崇拜地尊称他为酒神，但却不赞同他的方法，真是耐人寻味。（右图照片是液体循环用的水泵）

葡萄酒为何需要木桶熟成?
熟成容器容量的区别会给味
道带来怎样的影响?

小桶熟成与大桶熟成

葡萄酒在发酵结束后，还要经过一定时间的熟成，然后才能装瓶出货。熟成的目的有两个。

首先是使葡萄酒稳定。在熟成期间，酵母与细菌的残骸所产生的沉淀物，以及果皮和子的碎片，会逐渐沉淀下来。只将酒桶上方纯净的葡萄酒装瓶，可以保证葡萄酒没有浑浊，而且保持生物化学反应的稳定。

另一个目的在于培养葡萄酒。就像人类需要在幼年期到成年期之间经历教育来形成人格一样，葡萄酒也需要熟成来改变味道，改变瓶熟成的潜力。

要想最大限度发挥新鲜感，可以用不锈钢桶低温短期熟成，然后尽早装瓶。在温度变化较小的泥土桶中熟成，可以在保持果实味的同时，使整体口味变得平稳。而使用木桶熟成则会增加复杂的口感。不同地区，不同品种和传统，诞生出许许多多的熟成方法，生产者可以根据自己的喜好进行选择。

其中，能够大大改变葡萄酒特点的熟成方法就是木桶熟成。木材的透气性比其他材质更好，同样表面积为1的情况下，不锈钢的透气表面积换算只有1.1，而木材的透气表面积换算为5~8。空气中的氧气不但能够使单宁变得更加柔和，还会使色素与单宁结合变得更加稳定。

即便同为木桶，但容量却各不相同。波尔多的是225L，勃艮第则是228L，法国南部为600L，德国是1200L。像波尔多和勃艮第那样尺寸较小的被称为小桶。容量在300~600L，仍然能够移动的被称为中桶。比中桶更大的固定型容器被称为大桶。

容积与表面积的比率，是随着木桶的大小所改变的。木桶越大，其中葡萄酒的氧气供给就越少，葡萄酒的氧化熟成也就越慢。所以比较容易氧化的品种（比如歌海娜）常用大桶，难以氧化的品种（比如赤霞珠）则常用小桶熟成。

木桶还会赋予葡萄酒单宁和香气。橡木中本就含有单宁，还会产生木炭与香子兰的香味。这些影响也是与木桶的大小成反比的。但单宁与香气的要素，如果说新桶是100的话，那么使用5年后就基本降低为0了。因为大桶都是长期使用的，所以这些要素不会影响到葡萄酒。这也是使用大桶熟成的重要意义。

综上所述，桶的大小与葡萄酒的味道之间存在着非常密切的联系。小桶与大桶的区别，在葡萄酒酿造的整个过程中，也具有非常重要的意义。

小桶

泰德罗弘庄园
2001
教皇新堡葡萄酒

Châteauneuf-du-Pape 2001 Tardieu-Laurent

现在普遍使用小桶熟成的波尔多，在18世纪到19世纪初期，教皇新堡产区却使用的是大桶（新桶）。熟成时间很长。在酒瓶品质差、价格贵，而且是生产者没有自己封装习惯的年代，小桶一般都是用作搬运的容器。但后来生产者认识到大桶的长期熟成对葡萄酒品质提升没有帮助，于是在19世纪更换为小桶的短期熟成。但需要注意的是，由于同时期葡萄酒的酿造时间延长了，因此生产出的葡萄酒酒质更强。泰德罗弘庄园的教皇新堡葡萄酒通过小桶熟成。主要是因为其果实本身具备足够的力量，另外，木桶的板材很厚也是非常重要的因素。

大桶

稀雅丝酒庄
1983
教皇新堡葡萄酒

Châteauneuf-du-Pape 1983 Château Rayas

在罗纳河产区的酿造厂中，成排的大桶是很常见的景象（照片是科特·罗迪的酒窖）。由于氧化比较缓慢，大桶的熟成时间较长，所以葡萄酒的果实味会降低，而熟成风味则会增加。虽然大桶熟成具有一定的优点，但也有容易被细菌污染的问题。不过由于歌海娜品种的葡萄酒酸度低，很容易氧化，所以很少使用小桶熟成。但葡萄酒与木桶的香醇气味融合度较差，很难使两者完美结合。因此，能够发挥小桶的优势，并且尽可能减少负面影响的中桶，也得到了更多的应用。教皇新堡产区有很多这样的生产者，比如稀雅丝酒庄的葡萄酒，就有2成使用25hL的大桶，8成使用600L的中桶进行熟成。

第二节

葡萄栽培与
葡萄酒酿造

Number

9

专栏 1

阅读标签

葡萄酒出身的最好证明，就是瓶身上的标签。上面会如同个人简历一样清楚地写明这瓶葡萄酒的姓名、住址（生产地）、年龄（生产年）、公司名称（酿造厂）等。尽管不同的生产者对标签的设计各不相同，但每个主要产地的标签都有相同的标记模式，所以只要掌握了这一点，就能够轻松地阅读标签。掌握了基础的知识之后，就算遇到只标记品牌名的特殊标签，也不必担心看不懂啦。

标签解说

❶ 生产者
❷ 原产地名　　❷Ⓐ 原产地命名
　　　　　　　❷Ⓑ 村名
　　　　　　　❷Ⓒ 土地名
❸ 生产年
❹ 级别
❺ 容量
❻ 酒精度
❼ "生产者封装" 的标记
❽ 葡萄品种
❾ 商品名

德国
Germany

法国 / 波尔多
France/Bordeaux

新世界
New World

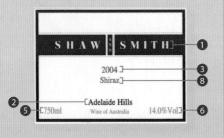

法国 / 勃艮第
France/Bourgogne

特殊标签
Irregular

意大利
Italy

专栏2

酒瓶的种类

Various Bottles

1 酒瓶与产地

波尔多型 Bordeaux

勃艮第型 Bourgogne

阿尔萨斯型 Alsace

扁圆形（弗兰肯地区专有） Bocksbeutel

　　说起高肩瓶的代表，莫过于波尔多。高高耸起的肩膀，是法国波尔多地区最典型的葡萄酒瓶子。即便是美国产的波尔多类型的葡萄酒，也会使用波尔多型的酒瓶。

　　肩部呈平滑曲线的酒瓶是勃艮第型，细长的酒瓶则在法国阿尔萨斯地区和德国比较流行。但在德国的弗兰肯地区，却独自流通着一种被称为"意为山羊的阴囊（bocksbeutel）"的扁圆形酒瓶。

　　即便是同一款葡萄酒，如果酒瓶尺寸大两倍的话，价格往往会升至两倍以上。大尺寸的酒瓶除了数量稀少外，保存时还不容易受外界的影响，可以缓慢熟成使葡萄酒的品质更加稳定。下图的照片分别是1/2瓶，普通瓶（750mL），2瓶份、4瓶份、8瓶份。另外香槟地区将4瓶份称为Jeroboam（3L），8瓶份称为Mathusalem（6L）。

2 酒瓶的大小

皇家瓶 Impérial

超大瓶 Double-Magnum

大瓶 Magnum

一瓶 Bouteille

半瓶 Demie

由于传统的不同，不同产区的酒瓶也各有差异。另外不同尺寸的酒瓶也有各自不同的称呼。

Various Bottles

49

第2章
了解葡萄品种的特性

要想更好地享受葡萄酒，必须充分了解各种
葡萄的特性。
了解符合葡萄特性的栽培方法，能够发挥出
葡萄特性的酿造方法，以及适合与葡萄酒一起
品尝的食材。
只有掌握了这些，才能够感受到葡萄酒
更深层的魅力。

黑皮诺

在欲望间摇摆的产地个性

我曾经询问一位俄勒冈的生产者"什么是黑皮诺？"在漫长的沉默后，他这样答道："抓住微小的甜蜜点时所产生的狂喜。"当优秀的风土与优秀的生产者发生碰撞，芳醇的香气与美艳的质感就会如同奇迹般降临。一旦你领略过这种"狂喜"，那么就再也无法回到那个没有黑皮诺存在的世界了。

我们都已经知道，风土是决定葡萄酒品质的根本条件。这个代表气候与土壤等整体因素的概念，在以勃艮第为首的葡萄酒产区最常用在黑皮诺身上，是有其原因的。我们可以分别比较仅仅相距8km的哲维瑞—香贝丹村与沃恩—罗曼尼村各自生产的葡萄酒。气候凉爽土壤较轻的前者，葡萄酒的味道非常精致，气候温暖土壤较重的后者，葡萄酒的味道则非常厚重，可以说两者的区别十分极端。这正是因为黑皮诺拥有令人惊叹的透明感，可以将风土的个性完美地表现出来。

以新世界为例的话，美国加州俄罗斯河谷的黑皮诺拥有刺激的香味和泥土的芬芳，如同樱桃利口酒般丰满的口感。中部奥塔哥的黑皮诺具有尖锐的酸味和如同细小颗粒一般坚硬的单宁，给人一种轻盈的洁净享受。而俄勒冈的黑皮诺则给人一种根植于大地的稳重感和率直的清纯感，不同产地的个性表现出不同的风味。恐怕再也没有比黑皮诺更适合作为产地巡礼的旅途伴侣了。

不过，脾性难以捉摸的黑皮诺真正的"甜蜜点"却非常微小。一般情况下，多个品种的葡萄混合后，适应性都会变强，但只有黑皮诺，不管结果是好是坏，都只能单一品种酿造。而实际上，只有相当于勃艮第最优秀的特级土地，才能完美地表现出黑皮诺的魅力。越好的土地栽培出的黑皮诺品质越高，而越差的土地栽培出的黑皮诺品质越差，黑皮诺将这一残酷的事实无意识地表现出来。而正是它的这种残酷性，使许多人为之疯狂。

Blanc de Noir N.V. Egly-Ouriet

欧歌利屋酒庄黑中白香槟
香槟地区是黑皮诺最优秀的产地之一。近代已经生产出能够与勃艮第比肩的黑皮诺无泡葡萄酒，并且在王侯贵族间流传开来。无泡葡萄酒虽然是从起泡酒变化而来的，但风土本身所具有的特性却没有改变。安邦内村的这款特级葡萄酒就是最好的例子。

Spätburgunder "B" 2004 Friedrich Becker

弗雷德里希·贝克
2004
斯贝博贡德"B"葡萄酒
勃艮第的西多会修士前往德国，将这一品种带到了德国。近年来，由于多产性的克隆种横行，使得黑皮诺在德国的发展一直不是很好。但最近新世代的生产者将新型的克隆品种与现代的酿造方法相结合，成功地发挥出了这一品种的优点，使其能够完美地表现出产地的特性。

Pinot Noir Reserve 1999 Ponzi Vineyards

庞兹酒庄
1999
珍藏黑皮诺葡萄酒
在新世界中，新西兰的黑皮诺因为新鲜、干净、柔和，最近得到了很高的评价，但这实际上只是对黑皮诺的表层理解。俄勒冈的优秀黑皮诺，采用不灌溉的栽培方法，这在新世界中可以说是非常少见的，用这种黑皮诺酿造出来的葡萄酒，经过几年乃至十几年的瓶熟，会表现出真正的葡萄酒所拥有的深层矿物质感。

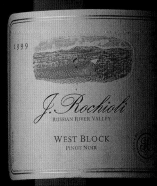

鲁奇奥尼酒庄
1999
西园黑皮诺
干红葡萄酒

加利福尼亚盛产充满享受而积极的香甜气味的黑皮诺。中部海岸的黑皮诺拥有爽滑的酸味与柔和的单宁，以简单易懂的口感赢得了许多人的喜爱，但终究只停留在表面的果实魅力上。与之相比，传统产地俄罗斯河谷的黑皮诺，虽然在初期酸味比较刺激，单宁也较为硬朗，但经过10年左右的熟成，就会呈现出在矿物质味道的支撑下若隐若现的甘甜口感。

黑皮诺

Pinot Noir

路易亚都酒庄
2004
香贝丹贝兹园
葡萄酒

修士们建立起来的勃艮第葡萄酒的底蕴，兼具宗教的虔诚、天空的轻盈、精神的密度以及禁欲的主张。供奉给贝兹修道院的香贝丹贝兹园，是勃艮第最优秀的土地之一，拥有能够追溯到公元7世纪的悠久历史，面对这世间少有的透明感与纯净度，以及如同圆周一般完美的平衡，每个人都会得到心灵上的洗涤吧。

黑皮诺的栽培与酿造

令生产者又爱又恨的栽培与酿造

因为黑皮诺是非常娇气的品种，所以在栽培和酿造上都必须非常小心谨慎。

要想生产出优雅细腻的味道，必须选择像勃艮第那样最合适的产地，而且还要控制出比其他品种更低的收回量。

为了完美地提取出单宁，加之需要细腻的控制，所以黑皮诺最常用右图那样的上方开口型的小型容器，并且进行人工踩皮。橡木桶可以使葡萄酒的口感更加柔和。

Viticulture and Vinification

克隆

黑皮诺由于果皮比较纤细，对霉菌的抵抗力较弱，所以很容易感染疾病，属于生产效率较低的娇气品种。为了克服栽培上的困难，生产者根据产地特征和使用目的，培养出了许多的克隆品种。黑皮诺的克隆品种数量高达43种。与之相比，栽培面积比其多1倍的赤霞珠，克隆品种的数量却只有20种。过去由于重视产量，所以香槟地区直到现在仍然栽培的是多产型的375和236的克隆品种，但勃艮第则普遍栽培的是重视品质的777与828的克隆品种。特别是后者，由于能够酿造出多酚丰富的长熟型葡萄酒，所以近年来非常受欢迎。

同一片土地上一般会混种黑皮诺的克隆品种。之所以这样做，在新世界是为了将各个品种的个性组合起来形成复杂性。在勃艮第则是为了抑制特定品种的个性，突出风土的特点。

低收获量

勃艮第的特级土地，最大允许收获量为35hL/ha，在所有的AOC（法国的葡萄酒等级）中是最低的。因为黑皮诺的单宁含量比较低，所以如果收获量太高，那么就会酿造出只有果实味的葡萄酒。最高级的生产者，收获量在20hL/ha的也不少见。

低温浸渍与人工踩皮

纤细与高纯度的果实味正是黑皮诺的魅力所在。而低温浸渍能够更好地发挥出黑皮诺的这种特点。所谓低温浸渍，是将收获后的葡萄用7~12℃的低温保存，在防止酵母发酵的同时，用长达数日的时间缓慢进行酿造的技术。另外，由于黑皮诺的单宁和花青素较少，所以人工踩皮可以更好地提取其中的这些物质。还有保留果梗的整串发酵方法，为的是在保持柔和果实味的同时补充单宁。

黑皮诺与料理的搭配

Wine / Pinot Noir, Bourgogne Pommard Dish / Braised Beef in Red Wine

[红葡萄酒煮牛肉]

当地葡萄酒与当地料理是最佳的组合，红葡萄酒煮牛肉就是黑皮诺的故乡勃艮第的著名料理。

考虑到红葡萄酒煮牛肉这道料理味道的复杂性和余韵的悠长，最好选用一级以上的葡萄酒，而且要没有直接的果实香味，熟成十年以上的更好。

Gastronomic Properties

顺滑的质感与极强的矿物质味

黑皮诺的葡萄酒单宁柔软，质感顺滑，同时构造稳定，在极强的矿物质味支撑下，拥有复杂的味道。

刺激的烟熏香味

比较寒冷的气候和较轻的土壤，栽培出的黑皮诺拥有果实和花朵的芬芳和清凉感，而比较温暖的气候和较重的土壤，栽培出的黑皮诺则拥有刺激的烟熏香味。后者的代表就是波玛村的葡萄酒。

柔软的质感与黏稠度

与波玛葡萄酒搭配的最好料理，就是红葡萄酒煮牛肉。牛肉经过低温长时间加热，胶原质会转变为明胶，使料理的质感更加柔软与黏稠。这种将固体与液体同时品尝的料理，与黑皮诺的平稳和顺滑的特性非常相称。

肉与蔬菜的搭配

这道料理使用的肉都是肩胛等本来就具有很强风味的部位，再加上葡萄酒与肉汁的炖煮，最终完成的料理比单独的肉类料理在味道上更加浓厚。

另外，在炖煮的时候还可以放入蘑菇、胡萝卜、欧防风等具有泥土香味的蔬菜，还可以加入培根增添烟熏的香味。这也是波玛村葡萄酒与之最为搭配的原因。

赤霞珠

无论何时都不会动摇的紧密构造

如果说黑皮诺是悄悄的私语，那么赤霞珠就是正式的演讲。前者是黑夜，后者是白昼，前者是感性，后者是知性，前者是恋爱的对象，后者是商业的对象。总是保持正气，是赤霞珠葡萄酒的魅力所在。无论在何时何地，赤霞珠就是赤霞珠的味道，总是能够表现出稳定的完成度。

所以几乎所有以高级葡萄酒产业为目标的新兴产地，只要具备适宜晚熟的赤霞珠生长的日照和气温等气候条件，就一定会栽培赤霞珠。因为赤霞珠喜欢干燥，所以与降水量较多的原产地波尔多相比，降水量较少的新世界各国反倒更适合栽培赤霞珠，这也是这一品种在世界范围内广泛普及开来的原因之一。而对我们消费者来说，不管哪个产地生产的这一品种都具有相同的高品质，所以也能够放心大胆地购买。有时甚至能够超越土地风味的赤霞珠，被誉为葡萄酒品种之王，也是理所当然的。

当然，赤霞珠也能够表现出不同产地的特征。波尔多属于昼夜温差较小，湿度较高的海洋性气候，因此栽培出的赤霞珠口感柔和，具有能够感觉出极限的成熟条件的纤细平衡。而纳帕河谷栽培出的赤霞珠则含有明显的果实味和较低的酸味，具有厚重柔和的质感。库纳瓦拉的气温对这一品种来说过于凉爽，与澳大利亚那强烈的日照交织在一起，营造出硬质且精悍的效果。智利昼夜极大的温差带来具有弹性的酸味，基安蒂地区的赤霞珠则具有蓝莓的香味和非常酸的口感。

不过，赤霞珠仍然保持着自己一贯的特质。具有清洁感的香味，强韧的单宁所带来的稳固构造，具有密质感的优雅味道，以及悠长的余韵。从最初到最后都没有任何粗鲁的颠簸，喝下去的一瞬间就会被安心感所围绕，而能持续产生安心感的葡萄酒，除了赤霞珠之外再无其他。

D'Aleeo 2000 Castello dei Rampolla

蓝宝拉酒庄
2000
赤霞珠葡萄酒
20世纪80年代后半段受西施佳雅那令人惊异的品质影响，加之出身于北意大利的酿造师对当地的品种逐渐熟悉起来，80年代后半期到90年代初，赤霞珠在托斯卡纳进入了全盛时期。这款于1996年登场的作品，具备当时全部的优点，具有无法用语言形容的超绝美味。

John Riddoch Cabernet Sauvignon 2003 Wynns Coonawarra Estate

酝思库瓦拉山庄
2003
约翰路德池赤霞珠葡萄酒
库纳瓦拉和波尔多与玛格丽特河的稳健平衡性不同，仿佛对享乐的性格有种抗拒。极度硬质的性格，将这款葡萄酒所具有的构造完美地表现了出来。强烈的阳光、凉爽的气候和石灰岩土壤所带来的个性，要想完全地发挥出来，需要10年以上的瓶熟。

Don Melchor 2004 Concha y Toro

干露酒厂
2004
魔爵红葡萄酒
智利葡萄酒经常会出现香味过剩、过于华丽、单宁和酸过于平和的问题，而这款一直以来被作为智利代表的葡萄酒，却向世人传达了种植在最优秀的土地上的古木的强大力量，带给人一种稳定的实体感。令人惊叹的矿物质味道、野性与优雅的完美结合，是这款葡萄酒最大的特点。

Beckstoffer To Kalon Vineyard Oakville 2003 Paul Hobbs Winery

保罗霍布斯酒庄
2003
贝克斯多夫-托卡龙园
赤霞珠干红葡萄酒

赤霞珠在梅多克地区，由于单宁过于坚固，所以常常与梅鹿辄混酿。但是在温暖且日照强烈的纳帕河谷，葡萄能够完全成熟，所以只用单一品种也能够酿造出完成度极高的葡萄酒。在纳帕河谷最优秀的土地托卡龙园生产出的这款葡萄酒，平衡性极强，单宁和酸味都有禁得住考验的顺滑感，可以说完美地表现出了这一品种的构造和品位。

赤霞珠

Cabernet Sauvigron

罗斯柴尔德
拉菲古堡
2001

Chateau Lafite Rothschild 2001

代表赤霞珠原产地波尔多的顶级葡萄酒。高高堆积起来的略带倾斜的沙砾土壤，温暖的气候和良好的排水性，可以说具备了这一品种最适宜的生长条件。尽管这是一款拥有坚固构造的葡萄酒，但是却没有丝毫的沉重感，强韧且流利的单宁，通透的酸味，轻盈且清新的香气，都可以使人了解到这一品种本来所具备的高贵。

赤霞珠的栽培与酿造

如何使其完全成熟，如何产生出坚固的构造

作为晚熟的波尔多品种，赤霞珠拥有厚厚的果皮以及非常强劲的单宁。所以需要采用能够发挥其特征的栽培方法和能够使其味道更加强劲的酿造方法。

赤霞珠普遍采用泵式发酵。发酵容器如右图所示，经常使用带有温度调节功能的不锈钢桶。

Viticulture
and
Vinification

高收获量

赤霞珠的果粒娇小，一串的重量也很小，本来就拥有凝缩和强力的味道。因此，即便收获量较高，也不会使果实的味道变淡，酿造出的葡萄酒能够完美地表现出品种的个性。INAO承认的2005年最高收获量，以梅鹿辄为主的波美侯是47hL/ha，以这一品种为主的波尔多左岸的玛歌和波亚克等，则高达55hL/ha。

晚熟

由于赤霞珠属于晚熟品种，所以一般栽培在沙砾质的温暖土壤上。即便如此，这一品种也不会每年都完全成熟，在有些年份，这一品种还会出现特有的青椒一样的味道。这种味道是由一种叫作甲氧基吡嗪的成分引起的，但这一成分会随着果实成熟度的提高而减少。生产者还发现这一成分会在果实受到阳光照射后减

少，因此近年来除叶技术也开始普及。

混酿

这一品种拥有即便在收获期遭遇降雨也不容易产生霉病的厚实果皮，而且子与果汁的重量比与其他品种相比也更大，为12：1。由于含有单宁的果皮与子的比率较高，而且还要进行3~4周的长时间酿造，因此葡萄酒中的单宁含量非常高。如果单一品种酿造的话口味会显得很硬，所以经常与梅鹿辄混酿。

与酒桶的搭配

单宁在进行木桶熟成的时候会与氧气结合而变得更加圆润。而将葡萄的单宁与氧气结合在一起的，就是木桶的鞣花单宁。葡萄酒种的单宁含量越多，所需要的鞣花单宁和氧气的量越多。所以，这一品种的葡萄酒常用新木桶来进行熟成，而且葡萄酒与木桶的配合度也非常好。

赤霞珠与料理的搭配

Wine / Cabernet Sauvignon,Bordeaux Pauillac et Saint-Julien Dish / Broiled Striploin

铁板上腰肉

赤霞珠与牛肉铁板烧，容易使人联想到磐石的坚固组合，但使用不同的肉类部位，会产生出微妙的差异。

不同部位的牛肉适合不同产区的葡萄酒，嫩腰里脊适合熟成后的轻型土壤的玛歌葡萄酒，牛肋排适合丰盈的贝萨克·雷奥良葡萄酒。

Gastronomic Properties

单宁与酸的强劲口味

赤霞珠葡萄酒具有非常充分的单宁和酸味，拥有硬质且强力，直截了当的口感。但同时也具有顺滑的质感和悠长的余韵。这一品种的代表，就是梅多克地区的葡萄酒。

素材的厚重感

要说与这一品种的特征最相称的料理，首先想到的便是牛肉铁板烧。铁板烧的关键就在于牛肉本身的强烈味道，以及外焦里嫩的质感对比。

另外，由于铁板烧的口感丰盈，咀嚼时间长，所以味道具有很强的厚重感和很长的持续性。

咬劲十足

铁板烧也分许多种。最适合做铁板烧的牛肉部位有3个：肌理柔软纤细的嫩腰里脊，脂肪丰富的牛肋排，咬劲十足的上腰肉。其中上腰肉虽然没有嫩腰里脊的纤细，却拥有优秀的口味构造和力量感，可以品尝到粗线条的风味。

朴实的性格与肉类尤为搭配

要说在梅多克地区拥有这一特征的葡萄酒，主要分布在波亚克南部一直到圣祖利安北部的区域，也就是拉图庄园、碧尚男爵庄园和巴顿庄园这3个酒庄的邻接区域。

其中巴顿庄园的葡萄酒性格最为朴实、稳定，香味不会过于华丽，很容易使人联想到肉的味道。

梅鹿辄

玛奇奥酒庄
梅索里奥园葡萄酒
1998

马赛多、雷蔻玛、雷迪加菲、加拉托纳……这些梅鹿辄葡萄酒虽然价格十分昂贵，但品质也是属于世界最高级别。博格利温暖的海洋性气候与黏土和沙质土壤生产出的这款梅索里奥园葡萄酒，将生产者的热情和酿造家的才华以最完美的形式结合起来，是一款充满跃动感的作品。

里鹏庄园葡萄酒
1993

人们关注里鹏庄园葡萄酒，都是因为其稀少性和超高的价格，但其真正值得关注的地方在于表面超绝的润滑感和具有实体感的柔软性。世上恐怕再也没有如此凝缩的轻盈飘逸和如同奇迹般的完成度。这是只有梅鹿辄才能够做到的表现。1995年之后，梅鹿辄已经不再进行除梗的工序，更增加了洗练度。

追求果实味道的极致，返璞归真之道

梅鹿辄的特征是丰满的果实味、低酸度、强力且柔和的单宁所营造出的平衡感，最终形成容易使人接受的美味。

但重要的是，同时具备这些特征，拥有较高的品位，而且构造严谨的葡萄酒，可以说是少之又少。特别是在新世界，单宁失控、酸味坚硬、杂味过多、缺乏余韵等缺点非常明显。

说起梅鹿辄的葡萄酒，最著名的当属翠柏庄。不过，由于当地特殊的黏土质土壤，翠柏庄的梅鹿辄葡萄酒具有严格的单宁和酸味，口感更接近赤霞珠。若论最能够体现梅鹿辄特点的葡萄酒，我认为还是里鹏庄园最具代表性。尽管圣埃美隆的梅鹿辄也非常优秀，但与"梅鹿辄"相比，那里更著名的却是黏土石灰质土壤的味道。

意大利的托斯卡纳和弗留利所生产的梅鹿辄，拥有能够与波尔多右岸相匹敌的品质。尤其是博格利的梅鹿辄葡萄酒，在紧密的矿物质味和强劲单宁的支撑下，拥有与波尔多形成鲜明对照的明快的力量感，可以说是集优秀品质于一身的产地。

梅鹿辄的栽培与酿造

从混酿用的品种到登上世界舞台的精品

梅鹿辄葡萄酒在20世纪80年代后期开始受到全世界人民的喜爱。
因为生产者采取了延迟收获、降低收获量以及采用新的酿造技术，使梅鹿辄甜美丰富的果实味能够被最大限度地发挥出来。

"Sur Lie"（译者注：让葡萄酒在非活性酵母中停留一段时间，经常会给酒带来更精致的质感以及口感）和搅桶可以使酒体产生更加醇厚的质感。像左图那样用带滑道的铁架使酒桶旋转出现搅桶效果，这也是生产者智慧的结晶。

Viticulture and Vinification

收获日

尽管梅鹿辄本来就是早熟的品种，但过去因为考虑到葡萄的健康状况，往往不重视成熟度而都提早收获。直到20世纪80年代，这种状况才被著名的酿造家米歇尔·罗兰所改变。他经常等到葡萄彻底成熟后才进行收获，这样酿造出来的葡萄酒，能够最大限度地发挥出梅鹿辄本来拥有的圆润和丰盈的果实味，使世人认识到这一品种的优点。

低收获量

梅鹿辄的口味比较柔顺，如果收获量太高，那么酿造出来的葡萄酒味道就会太淡。瓦兰佐酒庄证明了一点，只要将收获量控制在极限低，那么即便没有伟大的风土条件，也能够酿造出伟大的梅鹿辄葡萄酒。该酒庄在1991年第一次生产的葡萄酒，收获量被压缩在10hL/ha以下。自从这款葡萄酒取得成功之后，波尔多右岸陆续出现了用超低收获量凝缩的葡萄，以及不问生产成本的栽培和酿造方法所创造出的以稀少性和高品质为武器的葡萄酒，这种葡萄酒被称为车库酒。世人对梅鹿辄葡萄酒的评价也越来越高。

酿造家与酿造技术

使波尔多右岸的梅鹿辄葡萄酒兴盛起来的，是米歇尔·罗兰和史蒂芬·德尔诺恩库尔这两位酿造专家。他们最有特点的技术包括，长期高温酿造、人工踩皮最大限度提取、桶内MLF、新桶熟成、桶熟成中Sur Lie和搅桶，发酵中和熟成中注入微量氧气等。这些技术可以使梅鹿辄的味道更加丰富，酿造出来的葡萄酒自然更受欢迎，因此很多酒庄都采取了他们的酿造技术。现在这些技术已经成为梅鹿辄酿造的标准方法。

第2章　了解葡萄品种的特性	No.3	梅鹿辄

梅鹿辄与料理的搭配

Wine / Merlot,Bordeaux Pomerol Dish / Duck Confit

法式油封鸭

波尔多的梅鹿辄，根据产地的不同，味道也有所区别。那么波美侯葡萄酒与法式油封鸭搭配的理由究竟是什么？

Gastronomic Properties

其他地区的葡萄酒，圣埃美隆的石灰质土壤过于纤细，卡斯特隆丘和圣埃米隆周边区域的内陆地区则单宁过于强烈，所以与油封鸭最为相称的只有梅鹿辄。

外柔内刚

梅鹿辄的葡萄酒，单宁柔和、酸度低、拥有丰满的甜味、质感黏稠，同时还具备波尔多品种所特有的，不会使味道扩散的刚强内芯。而最能表现梅鹿辄这种性格的，就是波美侯的葡萄酒。

凝缩的脂肪味

与这种葡萄酒最相称的，就是法式餐馆的基本菜式之一，油封鸭。这款料理的魅力在于，通过慢火将鸭肉自身的脂肪高度凝缩，使得在口中扩散开来的脂肪味与盐分形成强烈对比。鸭肉本身的味道就非常强，而油封鸭选择的鸭腿，则是鸭子身上味道最强烈的部位。

与脂肪味道的交集

对于具备这种特征的料理，配合单宁强烈

的葡萄酒，餐后的感觉确实会很清爽，但却会破坏脂肪那难得的美味。而且由于料理中不含有酸，所以用酸味较强的葡萄酒搭配，两者之间没有交集，反而会使盐分的味道变得更强。所以，波美侯葡萄酒最为合适。

比起酸度更重视果实味

不过，拥有最优秀风土的普拉特的梅鹿辄，性格过于严谨，与料理的轻松氛围不太相称。反倒是克里奈、列兰、克罗河内等含有一部分沙质土壤的葡萄酒更加合适。另外，与重视酸度的穆埃克斯公司的波美侯葡萄酒相比，更加重视果实味的米歇尔·罗兰型的波美侯葡萄酒更适合这种场合。

西　拉

凯氏兄弟葡萄园6区
西拉干红葡萄酒
2003

与北罗纳河的品种个性相比，海洋性气候的麦克拉伦谷拥有浓厚的果实味，可以说是最为明显的例子。这款古木酿造的传统葡萄酒，大开大合的性格非常吸引人。

勒内·罗塞腾
2001
罗第丘黄金丘
葡萄酒

罗第丘是北罗纳河与艾米塔基镇齐名的优秀产地。凉爽的气候带来的清爽口感，和黏土土壤带来的缠绵回味完美地结合在一起，形成这款葡萄酒充满个性的口感。黄金丘作为罗第丘优秀的土地之一，采用重型黏土土壤和3%~5%的维欧尼混种·混酿的手法，展现出西拉柔美的一面。

藏在力量感之下的纤细与高雅

西拉具有两个特性。一个是非常刺激的野香气，以及强劲的单宁所带来的力量感十足性格。另一个是与黑皮诺极为相似的华丽香和伴随着鲜明酸味的缜密构造所带来的高雅格。这可以说完全相反的两面性所产生的微平衡感，正是优秀的西拉所独有的特征。

最能够体现前者侧面的产地是澳大利亚南的巴罗萨谷和麦克拉伦谷。这里的葡萄树龄在100年以上，土地无灌溉，自根生长，因此品质自然非常出色。极度凝缩的果实味和强烈的矿物质味道，支撑15度以上的酒精度也绰绰有余，也是这个产地的魅力所在。

最能够体现后者侧面的是北罗纳河以西拉为主的产地。特别是与1成维欧尼混种和混酿的罗第丘南侧的葡萄酒，具有妖艳的香气和柔顺的质感，完全颠覆了"西拉=野性"的片面认知。但不管怎样，西拉葡萄酒在刚酿造出来的时候口感过于强烈，必须经过10年以上的熟成才好。

第2章　了解葡萄品种的特性	No.4	西　拉

西拉的栽培与酿造

细心的照料培育出威风凛凛的力量

在法国，能够培育出最具力量的葡萄酒的品种，就是西拉。以阳光充足的罗纳河与法国南部以及澳大利亚等产区为代表的西拉，不只具有强力的一面，还同时兼具纤细与高雅，是非常优秀的品种。

西拉具有较强的还原性，熟成时需要大量的氧气，但使用波尔多的橡木桶却会产生非常明显的木桶风味，因此熟成时的难度很大。因此普遍采用像右图那样大木桶进行长期熟成的方法。

Viticulture and Vinification

光合作用的效率低下

西拉的光合作用效率很低，要想完全成熟需要大量的日照。澳大利亚与法国南部的西拉之所以能够取得成功，就是因为阳光充足。在西拉的原产地，北罗纳河与艾米塔基镇，为了使西拉能够得到尽可能多的日照，会特意堆起40°以上的斜坡来进行栽培。如果是在平地上，那就需要相当大的叶展面积才行。

支架

因为西拉的枝杈并不结实，所以很容易折断。北罗纳河地区经常会遭到罗纳河谷吹来的强风袭击，因此常会使用棒支架法将西拉的枝杈聚集在一起然后固定起来。在有密史脱拉风吹过的法国南部，为了确保叶展面积，必须用钉子将叶片固定在铁丝上。

浓厚的色调

西拉葡萄酒的色调非常浓厚。因为其果皮中含有大量的花青素，而且果皮很脆弱，使得色素的提取非常容易。在北罗纳地区采用人工踩皮的提取方法，而南罗纳地区则用机械循环和压榨回收组合的方法。

与白葡萄品种的混酿

在除了科尔纳斯的北罗纳地区，西拉允许与最多20%的白葡萄品种混酿。因为当地有红品种使用白品种穗木的历史，而且更甜的白品种会吸引虫鸟啄食，从而保护西拉，再加上白品种对于低酒精度的西拉具有自然补糖与中和单宁的作用。尽管现在法国使用这种混酿方法的仅限于罗第丘南侧的小部分区域，但实际出来的结果非常好，所以在新世界混酿也逐渐流行起来。另外，由于这一品种的还原性极强，所以在酿造和熟成时需要大量的氧气供给。所以在发酵时经常使用上方开口的容器，或者透气性较好的木桶或泥土桶。木桶熟成的时间也很长。

西拉与料理的搭配

Wine / Syrah,Rhône Saint-Joseph Dish / Sauteed Calf's Liver with Raspberry Sauce

嫩炒牛肝树莓汤

西拉经常与内脏料理搭配，因为两者的血液香气可以相互配合，但实际上还有更加完美的组合。

艾米塔基镇的西拉过于浓厚，平原处的西拉水果味太重，科尔纳斯的西拉则过于强硬，只有罗纳地区的西拉与这道菜最为搭配。

Gastronomic Properties

刺激的香味和明显的单宁

西拉葡萄酒拥有刺激的香味和力量感很强的味道。最适合与西拉搭配的料理就是内脏。西拉的香气与厚重感十足的料理的香气形成鲜明的对比。另外，明显的单宁和酸味也使稍显单调的料理增添了一份质感的内涵。

内脏料理纯净的风味

许多罗纳的葡萄酒都使用大桶熟成，因此有很高的酒香酵母和挥发酸，由于这种味道经常使人联想到动物的气味，所以自古以来人们就认为西拉和"野味与内脏比较搭配"。但实际上这种葡萄酒的血腥味，会破坏新鲜内脏料理那难得的纯净风味。

使厚重的素材变得轻盈起来的酸

嫩炒牛肝搭配树莓汤是法式餐厅最常见的一道菜。将牛肝切成薄片，能够保持素材原本的风味，而且吃起来的口感也不会太过于饱满。树莓汤的酸味可以减轻牛肝厚重的味道，使其入口时的质感更为顺滑。

轻盈的树莓风味

在西拉之中，也有单宁柔和、口感轻盈、酸味稳定、具备树莓风味的葡萄酒，优雅的圣约瑟夫葡萄酒就是。尽管充满血液芳香的罗第丘北侧的葡萄酒和充满血液芳香的料理最为搭配，但对于人类的鼻子来说，或许有些过于浓重了。

品丽珠

Château Angelus 2002

金钟酒庄品丽珠葡萄酒
2002

金钟的土地土壤较轻，
以梅鹿辄为主进行酿造
的年份，不管怎么控制
收获量，怎么进行浓
缩，最终酿造出来的葡
萄酒余韵仍然显得单调
而且很短。但2002年金
钟酒庄的品丽珠质量极
佳，以品丽珠为主进行
酿造的葡萄酒余韵绵
长、格调高雅、口味优
秀。

Chinon Clos des Capucins 2004 Jean-Maurice Raffault

简·莫利斯·拉菲奥
2004
希侬嘉布遣庄园葡萄酒

在石灰质土壤中，希侬
庄园附近的斜坡土地比
东部丘陵一带的土地酿
造出的葡萄酒质感更
佳，喝下后有丰盈的口
感。最好的例子就是第
十三代希侬生产者拉菲
奥的这款葡萄酒。柔和
的口感中隐含着强劲而
有力的内涵和高贵品
质，充满了希侬的风
范。而2004年是希侬葡
萄酒最好的年份之一。

品丽珠虽然是波尔多著名品种之一，但在波尔多左岸只被作为增加柔韧和提高香气的辅助品种。能够发挥出这一复杂品种全部优点，使其在混酿中担任主要原料的，只有奥信庄园、白马庄、拉弗尔酒庄、圣朱利安酒庄等极少数的右岸最高级的土地。

品丽珠单一品种葡萄酒的代表产地，是卢瓦尔中部地区。其中最高级的葡萄酒就是希侬。而且还必须是石灰质土壤斜坡面上的希

侬。种植在石灰质土壤上的品丽珠，可以完美地发挥出其高雅的格调。但品丽珠葡萄酒早期会有强烈的烟草味和薄荷绿色，口感也不够浓厚，需要经过10年左右的熟成才能够展现出其真正的价值。

最近人们开始更加重视葡萄酒的品位，于是品丽珠的优点也开始得到了世人的认可。纳帕河谷的康坦斯生产的品丽珠，拥有与赤霞珠完全不同的艳，博格利的玛奇奥酒庄生产的品丽珠，也拥有远超其他品种的细密质感和新鲜的酸爽。

品丽珠与料理的搭配

Wine / Cabernet Franc,Loire Chinon ✚ Dish / Beef Tartar

鞑靼牛肉

品丽珠给人的感觉是很难搭配，但实际上品丽珠清澈的口感和入口后绵长的余韵都与这款料理相得益彰。

卢瓦尔地区的品丽珠葡萄酒，都与这款料理十分搭配，但如果要追求最高品质的美味，还是石灰质土壤的希侬最佳。

Gastronomic Properties

轻盈而平静的力量感

品丽珠葡萄酒香气较淡、单宁适度，但质感却十分流畅。口味绵柔、余韵悠长，蕴含着平静的力量感。

柔和的口感与绵长的余韵

与这款葡萄酒最相称的搭配就是鞑靼牛肉。鞑靼牛肉是不经加热可以直接品尝到牛肉天然风味的料理。牛肉选择脂肪较少的部分，切成小块，加入芥末、番茄酱、墨西哥辣椒酱、洋芹菜籽、植物油等调料搅拌而成。

这款料理口感极其柔和、香气浓郁、入口的瞬间一股清香就直冲鼻腔，牛肉的味道也非常醇厚，香辛料激发出牛肉本来的甜美，使味觉得到更高层次的享受。

完美保持纤细的牛肉风味

单宁与酸味太强的葡萄酒会冲淡纤细的牛肉风味。另外，重心太低的葡萄酒也会影响料理的轻盈，攻击性太强的葡萄酒会使口中的味道难以拓展，果味太浓的葡萄酒则会加重生牛肉的腥味。

石灰质土壤的纯净风味

卢瓦尔地区的石灰土壤凝缩度极高，希侬城附近的丘陵地区生产出的葡萄酒尤为优秀。其中最具代表性的莱科庄园从2003年起便不再使用木桶熟成，因此风味非常纯净，非常适合搭配生鲜料理。

霞多丽

隐藏品种个性，突显产地个性

霞多丽可以说是世界上最流行的品种。其受欢迎的原因就在于，这一品种本身没有特别明确的个性和特点。打个比方来说，松茸再好吃，也不能当饭一样天天吃，而米饭虽然没有什么特点，却可以每天吃也不会厌烦。当然，米饭也并非像白开水一样无色无味，虽然米饭没有华丽的香味和独特的味道，但却用一种抽象的美味支撑着我们的整个饮食过程。套用葡萄酒术语来描述米饭的话，就是构造紧凑、余韵绵长。

意大利的弗留利和奥地利的施泰尔马克将霞多丽与长相思和白皮诺混种，而对这些葡萄酒进行比较时，霞多丽的构造最为优秀，余韵也最为悠长。由于霞多丽过于流行，所以有一些刻薄的葡萄酒评论家对霞多丽甚是不屑一顾，但这只是妄图哗众取宠罢了。从构造和余韵决定葡萄酒品质这一点上来看，霞多丽是真正的高贵品种。

因为霞多丽没有特有的香味和明确的味道，所以它能够非常清楚地传达出产地的特性。在夏布利这样寒冷的产地，霞多丽具有绿茶、薄荷、柠檬与打火石的风味，而在纳帕河谷这样温暖的产地，霞多丽则具有番木瓜、菠萝等风味。在表层土壤只有30cm的土地上，霞多丽具有明显的矿物质味道，而在表层土壤厚达1m的肥沃土地上，霞多丽的味道则显得十分丰满。

不管在什么样的土地，不管用什么样的酿造方法，霞多丽葡萄酒都具有共同的个性，那就是强劲有力的酒体。在勃艮第，品尝过黑皮诺红葡萄酒之后，品尝霞多丽白葡萄酒是约定俗成的习惯，这也是因为霞多丽虽然作为白葡萄酒，却拥有比红葡萄酒更加强烈的性格。

L'Étoile Chardonnay 2000
Domaine Rolet

Brut Blanc de Blancs N.V.
Billecart-Salmon

Chardonnay 2004 Pietro

罗莱特葡萄园
2000
埃托勒霞多丽葡萄酒
蜂蜜与坚果的香味，坚硬的矿物质味道，独特的个性，埃托勒出产的霞多丽非常引人注目。埃托勒的土壤含有细微的海星化石，让人一见难忘。极度柔和的华丽风味和如同星光般闪耀的酸爽口感，是这款葡萄酒的最大特点。

沙龙帝皇白中白香槟
香槟地区是法国最北端的霞多丽产地，极端的气候条件更加强调了这一品种强烈的矿物质味道和坚固的构造。帝皇家族是非常优秀的霞多丽生产者。这款葡萄酒在纯度极高的味道中，蕴藏着稳重的风度。

小丑
2004
霞多丽葡萄酒
这款诞生于澳大利亚西部的葡萄酒，彻底改变了人们对新世界霞多丽等于力量感与水果味的印象。尽管曾经身为医生的生产者略带自嘲地给这款葡萄酒取了个小丑的名字，但其习惯性的理论思考与对细节的彻底追求，造就了这款葡萄酒悠然的构造与知性的矿物质风味。

皮艾葡萄园
2004
霞多丽葡萄酒

新世界温暖产地的霞多丽，具有浓厚的菠萝甜味。尽管这种味道也属于美味，但缺乏矿物质感的霞多丽实在是愧对霞多丽这个名字。不过，在索诺玛海岸的高山上，凉爽的气候与充足的日照，十分适合霞多丽的生长，能够孕育出拥有刚强性格、缜密的矿物质味道以及坚固构造的高品位葡萄酒。

霞多丽

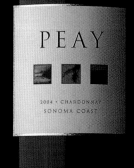

弗朗索瓦·拉威利奥酒庄
2002
夏布利瓦密尔
特级霞多丽葡萄酒

将葡萄酒中"果实"的因素限制在最低程度的夏布利，是证明霞多丽能够完美发挥土地个性的最佳例子。锐利的酸味、略带紧张感的矿物质味道、打火石的香气，都是夏布利土壤所特有的个性。弗朗索瓦·拉威利奥酒庄的葡萄酒则具有宏大与精细、凝缩度与透明度并存的特点。

第2章　了解葡萄品种的特性	No.6	霞多丽

霞多丽的栽培与酿造

与品种的个性相结合，完美的酿造方法

糖度上升较快，栽培也比较容易的霞多丽，可以说是当今世界白葡萄酒的基准。通过木桶发酵、熟成以及MLF等方法，可以使霞多丽葡萄酒具有非常复杂和强劲的味道。

Viticulture and Vinification

在全世界的任何一个产地，都对霞多丽的发酵拥有共同的认识，那就是小木桶发酵。小桶发酵的温度较高，能够更好地引发出风土的矿物质味道。霞多丽与木桶的契合度非常高。

广泛的适应性

这一品种从夏布利到西西里，种植范围相当广泛。由于霞多丽发芽较早，容易遭受霜害，因此在夏布利这样的北部产区，通常会在土地中设置旋转式喷淋装置，将嫩芽覆盖在冰层之下保持温度。西西里在8月中旬迎来霞多丽的收获期，为了保持果实的新鲜度，一般都选择在夜间进行采摘。各个产地都根据自身情况，采取适当的栽培方法。由于霞多丽即便收获量大仍然能够保持品质，因此即便在勃艮第，霞多丽的上限收获量也远远高于黑皮诺。

木桶发酵

由于霞多丽先天的个性比较平淡，因此很多人认为霞多丽具有烤架和香子兰的香味，但实际上这是木桶发酵、熟成的味道。木桶的香气可以通过熟成和发酵渗透进葡萄酒之中，一边产生热量一边将糖分转变为酒精的化学变化，与香气成分的溶解同时进行，产生非常复杂的化学、生物学反应。多种酵母同时缓慢发酵，可以使葡萄酒充满复杂性，因此在发酵过程中，最好选用天然酵母。

MLF

由于霞多丽含有较多的酸，因此普遍采用MLF来使其酸味更加稳定。另外，由于MLF会带来复杂的香气，所以对于个性较弱的霞多丽来说，效果绝佳。不过在酸度较易流失的温暖产地，也有不进行MLF或者只进行部分MLF的方法，生产者所下的功夫由此也可见一斑。

搅桶

木桶发酵的葡萄酒，在熟成中常常伴随着酵母残骸的沉淀物。这时，酵母细胞壁的糖分溶出，会使葡萄酒的口感变得更加柔和。在促进糖分溶解的同时，通过适当地供应氧气使沉淀物的还原反应更加平衡的技术，就被称为搅桶。

霞多丽与料理的搭配

Wine / Chardonnay,Bourgogne Meursault Dish / Roasted Chicken with Mustard Cream Sauce

芥末奶油烤鸡肉

霞多丽与鱼类和肉类都可以搭配，但要想更好地品尝木桶发酵的强劲口感，最好还是选择肉类搭配更好。

由于霞多丽本身的味道较淡，因此搭配任何料理都没有问题。从不使用木桶熟成的清爽型到使用木桶熟成的浓香型，霞多丽葡萄酒丰富的选择也是其魅力所在。

Gastronomic Properties

稳重大气

尽管霞多丽品种多样，但最具代表性的还是博恩丘产区木桶发酵的力量感十足的葡萄酒。强韧的矿物质味、严格的酸味、木桶的单宁带来的稳重口感，以及MLF发酵产生的泡沫感之间的完美平衡，是这款葡萄酒最显著的特征。

鸡肉与酱汁的搭配

这样的葡萄酒最适合搭配鸡肉和黄油奶油的料理。说起肉类料理，大家更容易想到口感较轻的红葡萄酒，比如黑皮诺葡萄酒与肉类料理搭配，覆盆子的香气会完完整整地残留在我们的鼻腔之中。但我认为霞多丽在香气上也同样没有任何的不协调感，甚至更能够衬托出料理的美味。

稳定的酸味绵柔的口感

在普里尼、默尔索、夏山这三大白葡萄酒产区之中，最适合搭配肉类料理，骨骼坚实、重心沉稳、口感绵柔、酸味稳定的，莫过于默尔索。这次的料理在酱汁中加入了芥末，兼具轻盈和刺激的味道。海拔较低的产地葡萄酒水果味更重一些，而海拔较高的产地葡萄酒的口感更加复杂。

保持料理的风味

默尔索虽然是一级土地，但出产的葡萄酒味道过于浓重，容易盖过料理的风味，因此可以选择一些村名级别的葡萄酒来保持料理的风味。顺带一提，默尔索过去以出产芥末而著名。

雷司令

只有在合适的产地才会展现出真正价值的尊贵与优美

赤霞珠与霞多丽都拥有安心、坚实、信赖等性格。那么与黑皮诺拥有相同魅力并且拥有高雅性格的白葡萄品种又是什么呢？答案是雷司令。具有透明感的味道，极其缜密的质感，绵长且细腻的酸味，还有出类拔萃的悠长余韵。这一品种与生俱来的优秀个性，远远凌驾于其他品种之上。

但是，优秀的雷司令产地，可以说比黑皮诺都少。新世界的雷司令，除了极少的一部分之外，如果酿造辛辣口味，则酒体轻薄单调、味道如同柠檬水一般，如果酿造甘甜口味，则酒体混浊黏稠、味道如同白桃罐头的汤汁一般。正因为这样的葡萄酒太多，才使得世人难以真正地理解雷司令。只有最优秀的土地，才能够赋予葡萄酒完美的构造、复杂性、力量感以及高雅的风味等要素。

凉爽的气候条件和瘦弱的土壤所带来的纤细与紧张感，正是雷司令的基础。德国的摩泽尔和莱茵高，奥地利的瓦赫奥，澳大利亚的伊顿谷都是雷司令的著名产地。这些土地都是片麻岩，含有丰富的矿物元素，排水性极佳，属于酸性变质岩土壤。凉爽气候带来的高酸度，被温和的土壤所中和，形成平衡感极佳的味道。

出产顶级雷司令的另外一个代表产区是法国的阿尔萨斯。这里也和上述产地相同，拥有适合雷司令生长的花岗岩、片麻岩土壤。由于阿尔萨斯的气候比较温暖，加之温和的土壤，生产出来的葡萄酒口感非常丰满。阿尔萨斯也在黏土石灰质土壤上栽培雷司令。温暖的气候带来的高酒精度和强劲的力量，被寒冷的土壤所带来的坚硬酸度所凝缩，形成刺激性极强的味道，这也是阿尔萨斯雷司令的一大特色。

Röttgen 2004
Heymann-Löwenstein

海曼·鲁文斯坦酒庄
2004
雷司令葡萄酒
摩泽尔地区的酿造者以优雅与精妙的技术闻名，利用锐利的酸味来中和葡萄中残余糖分的技术非常引人注目。这款辛辣口感的葡萄酒采用有机栽培的葡萄，使用大木桶与自然酵母发酵，拥有强烈的矿物质感，再加上低收获量形成的高凝缩度，是一款不可多得的杰作。强劲有力的口感与优雅的余韵给人留下深刻的印象。

Riesling Trial Hill Eden Valley
2006 Maverick

马华克
2006
伊甸谷审判山雷司令葡萄酒
澳大利亚最好的白葡萄就是雷司令。尽管澳大利亚的雷司令葡萄酒绝大多数风味都不甚完美而且补酸的感觉很浓，但这款出产于澳大利亚最优秀产地，凉爽的伊甸谷东北部斜坡上的葡萄酒，却拥有清冽的酸味道和强韧的矿物质味道所支撑的具有实体感的平衡性，是一款非常优秀的作品。

Riesling Potter Valley 2004
Château Montelena

蒙特莱纳酒庄
2004
波特谷雷司令葡萄酒
加利福尼亚的雷司令，是由德系移民者带过来的。曾经雷司令在加利福尼亚的栽培十分广泛，但现在只剩下很少一部分。位于门多西诺县北部内陆地区的波特谷，气候凉爽，昼夜温差大，出产的这款葡萄酒口感柔且清冽，非常具有加利福尼亚特色。

雷内·穆勒
2002
圣兰德林酒庄
雷司令葡萄酒

阿尔萨斯的雷司令具有
与众不同的品质，使人
认识到雷司令不仅拥有
华丽的外表，同时也是
深处蕴含着执着情感的
倔强品种。位于阿尔萨
斯南部的圣兰德林酒
庄，拥有强烈的日照、
较高的气温以及并不适
合雷司令生长的黏土石
灰质土壤。但这家酒庄
生产的葡萄酒，却将这
些不利条件全部转化成
了优点，清淡却具有力
量感的酸味，蜿蜒的矿
物质感，浓密的杏果实
味道，将人类技术与大
自然的力量完美结合。

雷司令

普拉格酒庄
2004
沃奇顿博登斯坦园
雷司令白葡萄酒

普拉格在瓦赫奥险峻的山上开垦出的原生岩土壤葡
萄田所生产出的这款葡萄酒，完美地表现出了雷司
令特有的锐利酸味和简洁的构造。初品此酒，或许
会对其过于严格的味道感到有些惊讶，但如果你习
惯了这款如同矿物质结晶一般的葡萄酒，那么再品
尝其他的葡萄酒，就只会感觉到脆弱和浮于表面。一
般来说，奥地利的雷司令与其他产地不同，通常
都是直接传达土壤的矿物质感。

第2章　了解葡萄品种的特性	No.7	雷司令

雷司令的栽培与酿造

如何酿造出所有品种中拥有最高纯度的味道

尽管雷司令属于收获量较高的品种，但在寒冷的气候和稍微贫瘠的土壤上栽培出的雷司令，堪称是白葡萄品种之中的女王。美味与较高的酸度是其魅力所在，为了完美地发挥出这种酸度，在酿造上必须下一番功夫。

如果只是为了强调雷司令的纯净，那么使用钢桶发酵也可以。但是大木桶发酵能够发挥出雷司令所特有的强韧的矿物质感，更好地表现雷司令葡萄酒的力量感，因此大木桶发酵显然更有优势。

Viticulture and Vinification

高收获量

因为雷司令属于树势较强的品种，所以其收获量自然较高。2006年AOC（法国的葡萄酒等级）阿尔萨斯的上限收获量为90hL/ha，德国有时候甚至会高达100hL/ha以上，即便如此仍然能够保持极高的品质，由此可见这一品种本身的潜质就非常优秀。为了控制收获量，必须要将其种植在非常贫瘠的土壤上，才能保证酿造出的葡萄酒具有较高的凝缩度，但这样一来葡萄中的糖分也会升高，酒精度数将会达到14度，要想去除多余的糖分使酒体保持平衡比较困难。

高酸度

雷司令本身就属于酸度较高的品种。密斯卡岱和灰皮诺的酒石酸含量为4~7g/L，雷司令则在5~8g/L，北部产区的雷司令更是高达10g/L。酸度可以说是雷司令的生命，因此为了保持酸度，在种植时应该使雷司令朝向东南方向，避免正南方的阳光直射。同时由于雷司令的酸度过高，如果不添加一定量的SO_2，很难发生MLF反应。另外，为了使高酸度和残余糖分更好地平衡，酿造者也会酿造很多像冰酒一样口感比较甜的葡萄酒，阿尔萨斯有VT与SGN，德国与奥地利有BA与TBA。

大木桶

德国与阿尔萨斯很多优秀的生产者，会使用大木桶对雷司令葡萄酒进行发酵和熟成，旧桶尤佳。之所以不使用新桶，是因为新桶的单宁含量太多，容易使酒体的酸味过于强劲。另外，旧桶内侧包裹着一层酒石酸，氧气不容易渗透进来，所以葡萄酒不易发生氧化。酵母的沉淀物与葡萄酒接触面较大也是关键。不锈钢桶的话，沉淀物都堆积在底部，与酒体的接触面较小，而大木桶的沉淀物广泛地分布在下方，其中的养分更容易溶入葡萄酒中。

雷司令与料理的搭配

Wine / Riesling,Alsace Schlossberg ✚ Dish / Pan-fried Snapper with Mousseline Sauce

[慕斯酱汁干烧加吉鱼]

与拥有高贵性格的雷司令最为搭配的料理莫过于高级的白身鱼。选择酸味平稳的葡萄酒与之搭配平衡性更好。

虽然最能够发挥出高级白身鱼清澈性格的料理方法是生鱼片，但这款法式料理在尊重鱼肉本身特性的基础上，又加入了厚重感和法式的浪漫，别有一番风味。

Gastronomic Properties

难以搭配的高贵性格

雷司令葡萄酒具有鲜烈的矿物质香气，精致的透明感味道，柔和且坚韧的质感。这种高贵冷艳的性格，再加上强烈的酸味，使其很难与料理相搭配。不过气候温暖的阿尔萨斯出产的雷司令葡萄酒，酸味比较平缓，搭配起来平衡性更容易掌握。

适度的残糖所增加的宽广性

这里需要注意的是，一定要选择特级土地出产的雷司令葡萄酒。特级土地出产的雷司令葡萄酒在酿造时会被赋予丰富的矿物质味而非酸味，这一点尤为重要。如果没有矿物质味，那么雷司令葡萄酒只不过是单纯的水果味葡萄酒罢了，会失去与料理之间最为关键的接点。此外，良好的日照所带来的10~20g的适当的残糖，会使葡萄酒增加宽广性与香醇，更适合与料理相搭配。

带有紧张感的纤细味道

与雷司令最为搭配的食材，莫过于加吉鱼、牙鲆鱼、河豚等高级的白身鱼。这些鱼类与五条鰤和红金眼鲷等过分强调脂肪香味的外向型鱼类不同，具有独特的紧张感，食用后给人留下的印象十分深刻。也就是说，它们与雷司令具有相同的高贵性格特征。

在口中扩散开来的轻盈质感

这是一款比较温和的料理，将加吉鱼切成厚片，鱼皮烧脆，鱼肉加黄油低温煎烤。酱汁采用白葡萄酒、原汁以及起泡奶油调和而成，吃下去后有一种在口中扩散开来的轻盈质感。与特级土地生产出来的带有矿物质味道的雷司令葡萄酒可以说是天作之合。

琼瑶浆

琼瑶浆

辛特·鸿布列什庄园
2004
格尔迪尔
特级琼瑶浆葡萄酒

格尔迪尔与黄金丘一样，都是侏罗纪中期的鱼卵状石灰岩土壤。这片土地具有温和的解放感与优雅的浓密性，与琼瑶浆这一品种十分契合。这款葡萄酒华丽且强劲，有机栽培的葡萄使其无忧无虑的能量跃动显得更加高涨。

J·霍夫斯塔尔
2001
珂本霍夫
琼瑶浆葡萄酒

特拉米的琼瑶浆葡萄酒无愧于其原产地的称号，自然天成的平衡感具有很强的魅力。其中霍夫斯塔尔是与特拉米合作组合齐名的生产者。在俯视湖面的斜坡上，珂本霍夫葡萄园中的琼瑶浆采用上阿迪杰非常少见的古约式支架法，因此拥有极高的凝缩度。

Gewürztraminer Grand Cru Goldert 2004 Domaine Zind Humbrecht   Gewürztraminer Kolbenhof 2001 J. Hofstätter

奢华支撑下的构造与余韵之美

由于琼瑶浆具有十分强烈的品种个性，因此能够在琼瑶浆葡萄酒中展现出土地个性的优秀产地只有法国的阿尔萨斯、意大利的上阿迪杰以及奥地利的施泰尔马克。

阿尔萨斯出产的琼瑶浆，有适当的苦味限制了果实本身浓厚的甜味，使其口感更加平滑。但像布兰特和贝内克·修罗斯贝克等花岗岩土壤的轻型土地，尽管这些土地也属于特级，却丝毫感觉不到矿物质味和酸味，只有香味与水果味作为主体，性格过于表面化。只有在格尔迪尔、福斯腾、曼布尔、阿尔滕贝克·德·贝克海因姆等黏土石灰质的特级土地上生产出的琼瑶浆，才具有能够支撑其厚重感的牢固构造和具有延展性的酸味。

据说这一品种的原产地就是意大利的上阿迪杰。上阿迪杰也是黏土石灰质土壤，比阿尔萨斯更强的清洁感和悠长的味道是这一产区最大的特征。由于原产地的优秀平衡性，这里生产的琼瑶浆葡萄酒口感也是最为稳定的。

施泰尔马克属于火山性土壤，寒冷的气候条件带来了更为突出的酸味，独特的土壤则强调了刺激性的味道和奢华的性格。

琼瑶浆与料理的搭配

Wine / Gewürztraminer,Alsace Mambourg　　Dish / Spicy Pan-fried Pork Chop with Pineapple Salsa

很多人认为琼瑶浆的味道和香气都过于浓郁，容易覆盖料理的味道，但如果换一个角度，用相辅相成的方法来进行搭配，那么这一问题就迎刃而解了。

[菠萝菝葜烧烤带骨猪排]

琼瑶浆在意大利是非常受欢迎的餐前酒。与鸡尾酒很相似的甜味和华丽的香气以及低酸度，使得这款葡萄酒在与料理进行搭配时，需要选择能够将相互之间的味道特征进行同调的料理。

Gastronomic Properties

浓密的香气与感官的质感

琼瑶浆葡萄酒具有蔷薇、荔枝、热带水果、香料的浓密香气，黏稠的感官质感，微微的苦味以及高度的残糖。也就是说，与我们绝大多数人所认为的白葡萄酒所应该具有的清爽与新鲜是完全相对的。

相辅相成的搭配效果

琼瑶浆葡萄酒扮演的不是像啤酒和茶那样使口中变得清爽的角色，由于这款葡萄酒的个性非常明确而且强烈，因此要想真正理解它的意义，就必须选择能够与其相辅相成的料理进行搭配。

奢华的香气与坚实的脂肪

即便是其他葡萄酒难以搭配的鱼肉料理，比如像撒满香料的烤金枪鱼和咖喱鳗鱼那样，香气扑鼻、充满脂肪的料理，琼瑶浆都是搭配的最好选择。

厚重的力量感

这次选择的料理，是口感饱满、咬劲十足、拥有丰富脂肪香气扑鼻的猪肉，再加上香料和热带水果搭配而成。关键在于理解琼瑶浆这一品种所拥有的华丽、积极、丰满、明朗等性格，选择与之相辅相成的料理。

这次选用的葡萄酒来自阿尔萨斯的特级产区，与充满力量感的肉类料理十分搭配。

灰皮诺

卢西斯庭园
2004
科利奥
灰皮诺葡萄酒

过去在美国，一提起意大利白葡萄酒，指的就是灰皮诺。或许因为其适度的口感和较低酸味的品种个性吧。考虑到与料理的搭配，我们在评价葡萄酒的时候不能只看酸的硬度，像这一品种具有良好钝感的葡萄酒也是不错的。

Pinot Grigio Collio 2004 Villa Russiz

阿尔伯特·曼恩
2004
亨斯特特级
灰皮诺葡萄酒

性格清爽的灰皮诺，是阿尔萨斯地区最高贵的四种葡萄品种之一。尽管亨斯特属于比较适合这一品种的黏土石灰质土壤，但其地质为第三纪，混杂了很多砾岩，因此缺乏侏罗纪土壤的优美个性。不过，这却赋予了这一品种某种杂味的魅力。

Pinot Gris Grand Cru Hengst 2004 Albert Mann

融合在土地之中的朴实、宽厚的味道

灰皮诺拥有丰满的果粒、粗壮的骨骼、烟熏的风味以及柔和的酸味。但如果不控制收获量，酿造出来的葡萄酒会显得平淡无味而且干燥。

在灰皮诺的原产地勃艮第，已经禁止栽培新的树苗，仅仅保留少量的高树龄老树。塞顿伯爵的阿洛斯·科通就是非常好的例子。其丰富的口感和绵长的余韵都给人留下深刻的印象，使人难以相信这只是一款村名级别的葡萄酒。

灰皮诺最重要的产地是阿尔萨斯。因为轻型土壤很难表现灰皮诺这一品种特有的坚实性格，因此多将其种植在黏土质土壤上。只有在特级的黏土石灰质土地上，才能够生产出果实味丰满、具有坚硬的矿物质内芯与绵长酸味、宽厚坚实的葡萄酒。

意大利将灰皮诺称为"Pinot Grigio"，最优秀的种植在黏土石灰质土壤的弗留利地区，但由于收获量较高，因此凝缩度与风味都稍显不足。

德国与奥地利将灰皮诺称为"Rulander"或"Grauburgunder"，酸味更加缜密、口感紧凑。同样种植在黏土石灰质土壤上。

新世界灰皮诺的产地以俄勒冈为代表，这里产的灰皮诺口感柔软，水果味十足。

灰皮诺与料理的搭配

Wine / Pinot Gris, Alsace Rangen ✚ Dish / Roasted Duck with Orange Sauce

灰皮诺是黑皮诺的兄弟品种，与红葡萄酒相似的性质，使其成为与赤身肉搭配的白葡萄酒代表。

橙汁鸭肉

白葡萄酒与肉类料理的搭配，是美食永远的追求。对于调味纤细的日本人来说，肉类料理与白葡萄酒的搭配要比想象中容易得多。

Gastronomic Properties

红葡萄酒般的强劲味道

灰皮诺的特征是酸味较低、质感厚重、构造坚固、余韵略苦、香气馥郁、残糖适度。作为黑皮诺的变种，它具有红葡萄酒的强劲，甚至可以将其看作是白色的红葡萄酒。

矿物质感与烟熏香味

只有阿尔萨斯的特级土地，才能生产出具有强韧矿物质味的灰皮诺。不过，在布兰特那样的花岗岩土壤上出产的灰皮诺水果味太重，很容易显得单调。尽管也有人喜欢黏土石灰质土壤的高品位和紧凑的酸味，但要想与肉类料理搭配，具有强烈香料和烟熏气味的熔岩土壤出产的灰皮诺显然更好。

蕴含野性的高雅香醇

与灰皮诺最为搭配的料理莫过于橙汁鸭肉。将鸭肉这种风味极强的素材，去除多余的脂肪后切成薄片，赋予其轻盈的性质，然后再用水果的甘甜与柔和的酸味将其包裹起来，大幅减少素材本身的动物性格，使其散发出纯净的香醇，成为最适宜搭配白葡萄酒的料理。

与葡萄酒的苦味同化的鸭肉风味

葡萄酒柔和的口感与不被透明感所影响的坚固质感，与料理丰盈的口感相得益彰，在完美的平衡性下实现共鸣。葡萄酒的苦味在渗入鸭肉的同时与橙汁相融合，蜂蜜般的香甜与鸭肉的风味实现了完美的同化。这款组合也完美地证明了，灰皮诺是最适合与肉类料理搭配的白葡萄酒。

长相思

Sancerre Cuvée Prestige 2003 Lucien Crochet

卢森·克罗谢酒庄
2003
桑塞尔名品香槟

桑塞尔的土壤类型大致可以分为，缜密优雅的火山土壤、华丽丰满的石灰岩土壤以及刚直有内涵的打火石土壤，其中第二种土壤的代表就是这款葡萄酒。栽培与南面斜坡上树龄在50~70年的葡萄，具有极高的凝缩度，即便在炎热的2003年，仍然表现出了最优秀土地的高雅与和谐。

Château Laville Haut Brion 1990

拉维尔奥比良庄园
1990

过去在波尔多地区，长相思一直是辅助品种，其作用在于给作为主体的赛美蓉增添光彩。但现代人已经忘记了朴实无华的赛美蓉的魅力，更注重长相思的华丽。这款在最优秀的土地上生产出来的维护正统性的葡萄酒（赛美蓉80%）；让人重新认识到长相思的重要性。

单一或者混酿

由于这一品种具有黑加仑的芽、猫尿、金银花、灯笼果等特征明显的香气，所以一提起这个品种，想到最多的总是它的香气。新西兰栽培出的长相思大多具有强烈的香气，或许其取得的成功是造成上述现象的原因之一吧。

长相思的优良产地有两处，一处是原产地波尔多，另一处就是卢瓦尔东部。在波尔多常将这一品种与赛美蓉混酿。长相思提供香气与酸味，赛美蓉提供构造、酒体和余韵。在波尔多当地，如果长相思栽培过多，则味道会显得

过于轻快和表面化，因此，混种时赛美蓉的比率较高。但在贝萨克·雷奥良，由于土壤本身就能够带来强韧的构造和矿物质味道，再加上温暖的微气带来的酒体，可以使用这一品种单独进行酿造。

卢瓦尔地区也是进行单一酿造。尽管这会导致葡萄酒构造较弱、余韵较短，但唯独桑塞尔地区众不同。莎维尼尔村与布埃村的石灰质土壤斜坡生产的葡萄酒，拥有柔和的质感和精致的矿物感，具有极高的完成度。即便是含有少量残糖的型，也因为其与强烈酸味的平衡，而成为非常完的作品。

长相思的栽培与酿造

将充满个性的品种的香气魅力，进一步地发挥出来

香草、黑加仑的芽、葡萄柚、灯笼果等华丽的香气与鲜度极高的酸味，正是这一品种的魅力所在。因此在栽培与酿造时，需要选择能够提高香气和酸味新鲜度的方法。

为了最大限度地发挥出新鲜的香草气息，需要使葡萄果粒避免阳光直射，对于栽培和酿造的过程来说，如何发挥这一品种的香气，是最需要关心的问题。

Viticulture and Vinification

香气

这一品种最大的特点就是华丽的香气。根据收获时期的不同，这一品种能够表现出各种各样不同的香气，因此在收获期几乎不必担心下雨的新世界产地，经常将收获日分散开，将从未成熟到成熟的葡萄放在一起进行混酿，使其香味更具复杂性。由于这是以香味为主的品种，所以生产者在酿造过程中也会使用培养酵母对产生的香味进行控制，使其最终能够产生出自己想要的风味。

浸皮

长相思特殊的香味成分是被称为4-甲氧基苯基甲哌丙嗪（4MMP）和3-巯基乙醇（3MH）的物质。这些物质不喜欢氧化，因此在进行气压压榨时，要尽量避免果汁接触到空气。另外，在缓慢压榨时可以同时进行浸皮。虽然浸皮可以更好地提取出果皮中含有的香味成分，使葡萄酒的味道更加华丽，但会使质感变得粗糙，不易熟成，所以也有人不喜欢这种方法。

发酵温度与木桶

要想酿造芳香性较高的葡萄酒，最好降低发酵温度，在卢瓦尔地区，普遍采用的温度为18℃。在新世界产地，还有用更低的温度酿造出香味更加华丽的情况。像波尔多地区那样用小桶发酵的情况，由于最高温度会达到25℃，所以与香味相比，更值得重视的是酒体和构造。使用新木桶发酵熟成可以为葡萄酒补充单宁，对于这一品种来说，刚好弥补了其较为缺乏的构造。不过这种方法在波尔多和加利福尼亚等气候温暖的产地很容易取得成功，而在卢瓦尔和新西兰等较为寒冷的产地，经常会导致葡萄酒出现粉末状的质感。此外，这一品质的葡萄酒，很少进行MLF。

长相思与料理的搭配

Wine / Sauvignon Blanc,Loire Sancerre Dish / Poached Salmon with Chive Cream

长相思是具有清凉感的高雅葡萄酒，为了与其搭配，应该选择能够发挥出香草气味优势的鱼类料理。

细香葱焖三文鱼

Gastronomic Properties

与葡萄酒搭配时香草的香味是必不可少的，但也要注意不要让过于突出的香草味掩盖了食材本身的味道。

轻快的香味和具有透明感的质感

长相思葡萄酒的特点是香草与柠檬一样轻快的香味、悠长的酸味以及具有透明感的柔顺质感。桑塞尔出产的长相思葡萄酒，除了长相思特有的清凉与高雅之外，还具备完美的构造、矿物质味道以及余韵，可谓长相思葡萄酒中的佳作。

活用香草芬芳的料理方法

长相思葡萄酒的适应范围很广，基本适用于所有的鱼类料理。为了更好地发挥出这款葡萄酒的香草味道特色，一般在料理时也会搭配使用一些香草。另外，由于长相思葡萄酒很少使用MLF发酵，所以在进行料理时一般不使用黄油，而是使用与香草和花香更搭配的橄榄油。由于这款葡萄酒没有木桶的吐司香味，所以适合搭配没有烧烤成分的料理，比如蒸煮的料理法尤为合适。

焖煮的料理法所保留的柔软质感

三文鱼就是很好的搭配食材，这里用蔬菜、香草、香料、柠檬、白葡萄酒、水，小火焖煮，保留三文鱼柔软的质感，同时还可以消除生三文鱼的腥味。煮好后晾凉，加上酸奶油与细香葱搭配即可。

兼具厚重与清凉的口感

这道料理脂肪含量很少，口味凉爽，但三文鱼的切块很厚，口感非常饱满。蔬菜适度的咬劲和香味带来的清凉感，与桑塞尔的长相思葡萄酒非常搭配。

甲　州

Koshu

拥有1000年以上栽培历史的日本唯一的传统品种。栽培区域基本都集中在山梨县。属于酿造用和直接食用兼用的品种。最近，甲州葡萄的整体品质有所提高，重新受到了人们的喜爱。

日本用来酿酒的葡萄品种可以说非常多。这些品种的存在，很好地诠释了日本各地葡萄酒酿造和葡萄栽培的历史。其中也有许多不管是外观还有味道，都和我们在葡萄酒教科书上所学到的内容完全不同的变种。

日本葡萄酒的酿造历史大约有130年。与葡萄栽培的历史相比非常短。但在这短短的100余年之中，无数人不断地摸索着适合日本栽培的葡萄品种。经过前人不懈的努力，现在日本作为葡萄酒原料所使用的葡萄品种多达80种以上，可以说种类十分丰富。

酿造葡萄酒所使用的葡萄品种大致可以分为三类。第一类是日本的当地品种。其中的代表就是甲州葡萄。明治时期，日本最早使用的葡萄酒原料就是甲州葡萄。这款葡萄因为能够直接食用所以栽培面积比较广，同时也因为其主要用于直接食用，所以在品质和栽培方法上，都以直接食用优先，用于酿酒的话存在着许多的问题。另一个日本的当地品种就是野生葡萄。野生葡萄的葡萄粒很稀疏，而且非常酸。外观和口感都与酿酒用葡萄相差甚远。

第二类是杂交品种。这一品种又可以分为三类。一个是美洲葡萄与酿酒葡萄的杂交品种群。由于这一品种是昭和初期的川上善兵卫倾注心血培育而成的，因此也被称为川上善兵卫品种。川上氏培育了1万种以上的品种，并且发表了其中22个优良品种，确立了贝利麝香A和黑皇后作为酿酒用原料的地位。

日本的葡萄酒都是用什么品种的葡萄酿造的呢？当地品种、外来品种、杂交品种……实际上日本的酿酒用葡萄品种也是非常多的。

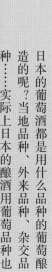

专栏3

日本的葡萄品种

Characteristics of Japanese Grapes

贝利麝香A

川上善兵卫培育的杂交品种。用于酿造的数量甚至凌驾于梅鹿辄和霞多丽之上。属于酿造用和直接食用兼用的品种。最近一两年，贝利麝香A的葡萄酒品质也有所提高。

特拉华

Delaware

美洲葡萄系品种，代表产地为山形县。气味非常独特，喜欢的人与不喜欢的人都很多。以前主要用来酿造甜口的特产葡萄酒，最近得到了重新的认识。

小公子

Shokoshi

泽登晴雄培育的杂交品种。属于山葡萄种类，稀疏的小粒果实是其最明显的特征。这一品种涩味稳定，酸味很强，酿造的一部分葡萄酒具有杰出的个性，深受好评。

另一个是使用野生葡萄杂交的品种群。比较著名的是泽登晴雄培育的品种。但他除了小公子之外，并没有培育出其他优良的品种。此外，北海道的池田町和山梨大学也在进行野生葡萄的杂交培育试验。最后一个是酿酒葡萄的杂交品种。不过这些绝大部分都是无法加入葡萄酒之中的品种。

第三类是外来品种。最近终于开始出现结果的梅鹿辄、霞多丽等酿酒葡萄就是属于这一类。特拉华和康科德等美洲葡萄品种大多是直接食用与酿酒兼用的品种，拥有很强的狐臊味是其显著特征。

究竟什么才是最适合日本的酿酒用葡萄品种，目前仍然在摸索之中。

▌尼亚加拉
Niagara

川上善兵卫引进的美洲葡萄品种。拥有个性极强的气味，喜欢的人与不喜欢的人都很多。这一品种的葡萄酒绝大部分都为甜口。

▌赛必尔
Seibel

赛必尔是杂交葡萄的统称，经常后缀育种编号来加以区别，种类数量十分庞大。常见于日本北部，日常葡萄酒的原料。

第3章
葡萄酒的品鉴

系统学习的知识，

必须灵活运用才能牢记于心。

要想了解葡萄酒，必须经过品尝。

用正确的品尝技术来鉴赏葡萄酒，然后将品尝

的印象用准确的语言总结出来。

当你总结得足够多时，你的葡萄酒品鉴经验自

然也会越来越丰富。

第一节 / 葡萄酒的品尝方法

Wine Tasting Skills & Tips

　　为什么品尝葡萄酒的过程就好像是在进行一场仪式？这是因为在葡萄酒之中隐藏了太多太多的信息，为了将这些信息表达出来，仪式的过程是必不可少的。一开始你可能会感觉很麻烦，不过一旦你开始做笔记，那么就会自然而然地认真起来，注意力也会越来越集中。这样一来，你很快就会找到自己喜欢的葡萄酒类型，当你在商场或者饭店选择葡萄酒时，这种经验一定能够派得上用场。即便是完全相同的葡萄酒，如果等1年后再饮用，你能够清楚地感觉到葡萄酒的成长，即便是相同产地相同年份的葡萄酒，在打开瓶塞的一瞬间，你也能够在某种程度上把握其品质。通过做笔记，你能够养成对葡萄酒进行系统整理的习惯，这可以使你更容易地把握葡萄酒的整体情况。

　　品尝葡萄酒时，可以是轻松愉快地边品尝边聊天，也可以是像专业人士那样，非常严谨地对葡萄酒进行分析。总之，只要将基本内容记录下来，今后就可以根据目的和当时的情况来灵活运用这些知识。

Step	1

拿起酒杯

Holding a Wine Glass

　　什么是葡萄酒杯的正确拿法？没必要拘泥于这些细节。用手包住酒杯的拿法只是为了提高葡萄酒的温度。只捏住杯脚的拿法是为了观察葡萄酒的颜色，并且更方便晃动酒杯。小指贴住杯座的拿法是为了增加稳定感，减少酒杯掉落或者倒下的概率。总之，你可以选择自己喜欢的任何方法来拿起酒杯。

Step	2

观察外观

Appearance

　　葡萄酒的外观所能够提供的信息，比你预想的还要多。首先，用一张白纸或者白色的桌布作为观察的背景，然后将酒杯倾斜。观察酒杯中的液体是否透明（有没有混浊）、是否有光泽（葡萄酒的健康度、是否经过过滤）。检查整体的色泽与浓淡（分析葡萄品种和产地的气候条件），确认边缘部分颜色的浓淡变化，白葡萄酒是否有绿色，红葡萄酒是否有紫色（分析熟成情况）。在进行比较的时候，将两杯葡萄酒摆在一起看更加明显。如果是起泡酒，还要观察泡沫的细腻程度和持续性。

Step	3			Step	4	

确认香味

Nose

品尝味道

Palate

在试饮的时候，有人习惯先摇晃酒杯来观察酒体，但我认为应该首先确认葡萄酒的香味。确认香味的强弱与凝缩度以及香味的种类，对于准确地把握第一印象是非常关键的。随后才是摇晃酒杯，来进一步确认香味的变化情况。通过这一过程，能够基本掌握葡萄的品种、产地的气候条件、生产国、熟成度、品质的高低等信息。不过，长时间确认葡萄酒的香味会使鼻子感到疲惫。所以最好是短时间内集中精神完成这一过程（如果鼻子感到疲惫，有一个方法可以解决……那就是闻一下自己衣服的味道，马上可以恢复嗅觉）。

将葡萄酒含入口中，使其在口中游走，充分利用舌头的味蕾来品尝葡萄酒的味道（据说舌尖对甜味敏感、侧面对酸味敏感、深处对苦味敏感）。我们可以在口中同时感觉到单宁等成分的酸涩、气泡以及其他的刺激、柔和、厚重等触感。专业的品酒师甚至还会在口中发出"斯鲁斯鲁"的声音，这是为了让口中的葡萄酒与空气接触，使其香味更加饱满，但在饭店用餐的时候请不要这样做。另外，咽下葡萄酒之后，余韵在口中停留的时间长短，也是判断品质高低的重要条件。

Step	5

进行整理

Taking Notes

　　最开始做笔记的时候可能不知道应该怎么写,这时候可以参考一些样本。不过,关于葡萄酒的香味,因为任何人都只能凭借自己的经验来进行判断,所以可以完全依靠自己的感觉来进行记录。等你积累了一定的经验之后,就会理解其他人记录的内容,并且找出与自己记录之中的共同点。笔记中需要记录的内容包括:品尝的日期、葡萄酒的信息(产地、名字、生产者、年份、进口商、价格)、外观、香味、味道以及总结。总结看起来挺难写,但实际上就是对这款葡萄酒做一个最终的归纳(比如葡萄酒爱好者可以写自己是否喜欢,专家可以写价格是否合适,是否具备产地特性之类的内容)。只要你坚持做品尝记录,总有一天这会成为你的宝物。

品尝相关专栏集

专栏 1

葡萄酒的泪
Legs

所谓的"葡萄酒的泪"和"葡萄酒的脚",指的是在轻轻摇晃酒杯之后,葡萄酒在杯壁上留下的痕迹。通过观察这个痕迹,可以了解到葡萄酒的酒精度数、黏度、浸出物成分、糖分的高低(如果痕迹间隔较大,那么糖分较高)。不过,这些要素通过香味和味道都可以判断出来。

专栏 2

什么是晃杯?
Swirling

在品尝葡萄酒时要充分旋转摇晃酒杯,这并不是为了耍帅,而是为了使葡萄酒与空气充分接触,从而更多地释放出香气。也就是所谓的"强制氧化"。所以,已经达到熟成极限的葡萄酒,不应该过多地摇晃酒杯,而且摇晃酒杯的次数应该是固定的。尤其在进行比较试饮的时候,如果第一杯酒摇晃了5圈,第二杯酒摇晃10圈的话是非常不公平的。

专栏 3

进行正规试饮时需要注意的七条
Professional Tasting

这里所说的"正规试饮",指的是以葡萄酒为主业的人所进行的试饮。也就是品尝葡萄酒并非为了"享受美味的快乐",而是为了工作,以"分析""评价"为目的,必须全神贯注地品尝葡萄酒时,所需要注意的内容。

　　第一条
准备合适的酒杯(进行多次试饮的情况下,需要准备完全相同的酒杯),葡萄酒要适温、适量。桌面上要铺白纸或者白色的桌布。

　　第二条
为了集中精神,要避免噪声。所以在试饮时不要放音乐也不要说话(试饮后的交流则是很有必要的)。

　　第三条
同样,为了集中精神,也不要有多余的气味。在旁边不要摆放具有强烈味道的东西。另外,在进行试饮时也不要喷香水。

　　第四条
试饮前,不要吃味道很重,或者有刺激性的食物。所以在正规试饮的时候,是不应该吃下酒菜的。

　　第五条
在对多瓶葡萄酒进行试饮时,一般都会准备清水用来漱口,清水也应该尽量与葡萄酒的温度保持一致。

　　第六条
试饮应该在身体状况良好,没有疲惫、饥饿、胀肚的时候进行。一般来说,上午11点是最佳时间。

　　第七条
因为风会吹走葡萄酒的香味,所以在有风的天气,应该在关闭门窗的室内进行试饮。另外,试饮应该选择天气晴好的日子,有经验表明,气压对葡萄酒的味道也有一定的影响。

Wine Tasting Skills & Tips	Part 2	Color

第二节 / 欣赏葡萄酒的颜色

葡萄酒有各种各样的颜色。
鉴赏美丽的颜色也是葡萄酒给我们带来的乐趣之一。
而且在这些颜色之中，还隐藏着十分丰富的信息。
读懂这些信息也是理解葡萄酒非常关键的一步。
接下来，我们将分别以品种、年份以及产地为例，从颜色的差异上
了解葡萄酒。

比较红葡萄酒的颜色

葡萄的果皮中含有花青素。这个词语出自希腊语，意思是蓝色的花，花青素是使植物产生红、蓝、紫色的物质。

红葡萄酒由于是连同果皮一起发酵，所以酿造出来的葡萄酒会带有颜色。尽管花青素属于水溶性，但产生的酒精使葡萄的果皮细胞膜变得非常柔软，所以在发酵过程中，花青素会大量溶出。

许多植物的颜色，主要都由1~2种花青素组成。但葡萄不管哪一个品种，都含有矢车菊色素、翠雀素、芍药色素、锦葵色素和牵牛花色素等5种花青素。不同种类的葡萄，只是各种色素的比率和含量不同。以赤霞珠和梅鹿辄为例，对上述5种花青素的含量进行比较，分别是0.8：0.4、

品种名		品种名		品种名	
黑皮诺		**梅鹿辄**		**赤霞珠**	
Pinot Noir		Merlot		Cabernet Sauvignon	

深红色的色调，突出了透明感与密度的对立。尽管色彩度极高，但同时也具有高雅的深度，边缘部分也能够看到色素。黑皮诺由于产地和酿造方法的不同，最终的色调也有很大的区别。照片上的这款葡萄酒显得有些浓厚。

葡萄酒名
宝尚父子酒庄
2003
香波—蜜思妮
葡萄酒

Chambolle-
Musigny
2003
Bouchard
Père & Fils

深红色的浓重色调，与赤霞珠相比更加温暖。中心部分的颜色很深，边缘的颜色则逐渐转淡。以梅鹿辄为主酿造葡萄酒的产地是波尔多右岸。这款葡萄酒是100%梅鹿辄酿造的的。

葡萄酒名
欧贝纳酒庄
2002
梅鹿辄
葡萄酒

Château
Haut-Bernat
2002

带有黑紫色的胭脂红，非常深的冷色调。需要注意的是在玻璃杯的边缘也能够看到颜色，透明的部分很少。在以赤霞珠为主体的波尔多左岸，这一品种在混酿中的比率高达80%。

度韦尔
2002
赤霞
葡萄酒

Château
Durfo
2002

Number 1	Red

红色的品种

8.5：5.7、8.4：6.1、134.8：81.5、9.8：7.6（坎帕尼亚州，2000年，单位mg/L）。所以不同品种之间颜色也有所不同。

由于花青素受pH的影响，所以不同品种的酸度差异，也是导致颜色差异的原因。pH低的话，颜色是鲜艳的红色，pH高的话颜色会变成比较模糊的紫色。pH在3.2~3.5之间的颜色比较淡。另外，SO_2的浓度越高，颜色也越深。

花青素属于不稳定的物质，时间久了会从葡萄酒中消失。但贮藏多年的葡萄酒之所以仍然能够保持红色，是因为花青素与葡萄酒中含有的苯酚发生了化合反应，形成一种稳定的色素单宁的缘故。酿造过程中的浸渍，就是为了促进这一变化的过程。所以没有经过浸渍的玫红葡萄酒，就会很快褪色。

色素单宁之中残留有花青素本来的分子形式。因此即便经过熟成之后，仍然能够观察出品种的区别。

品种名

歌海娜

enache

暖的浅红色，很容易使人想到南方温暖的气候与浅色的土壤。尽管边缘也具颜色，但颜色渐变的区域广。歌海娜是法国南部广栽培的品种。

葡萄酒名
莎邦霓酒庄
2003
教皇新堡老藤葡萄酒
Châteauneuf-du-Pape
Vieille Vigne
2003
Domaine de la
Charbonnière

品种名

西 拉

Syrah

浓厚且鲜艳的黑紫色给人留下深刻的印象。边缘部分的色素都十分稳定，颜色给人的印象与味道给人的印象基本一致，这种强劲的力量感正是西拉的特征。西拉的原产地是北罗纳地区。

葡萄酒名
冯索·威拉
2003
圣约瑟夫
红葡萄酒

Saint Joseph
Rouge Reflet
2003
François Villard

品种名

佳 美

Gamay

乍看上去是发黑的紫红色，但边缘部分的颜色却相当浅，颜色渐变的部分很宽。与黑皮诺相比，这一品种的透明感很差，虽然颜色鲜艳却完全看不到深处的部分。佳美的代表产地是法国的博若莱。

葡萄酒名
杜宝夫酒庄
2003
希露柏勒
葡萄酒

Chiroubles
2003
Georges
Dubœuf

Number 2	White

白色的品种

►►

比较白葡萄酒的颜色

白葡萄酒是由果汁发酵酿造而成的。除了像紫北塞这样特殊的品种之外，酿酒用葡萄的果肉中都不含有花青素，所以所谓的"白葡萄酒"指的就是红色之外的葡萄酒。

白葡萄酒也是有颜色的。一般来说都有些发黄。白葡萄酒的颜色是由葡萄中含有的苯酚带来

的。与果皮和种子接触的时间越长，颜色越深。所以，经过浸皮后再发酵的白葡萄酒，比直接发酵的白葡萄酒颜色更深。

琼瑶浆、雷司令、长相思、绿维特利纳等香味较强的品种，经常会采取浸皮的方法，为的是更好地发挥出其充满魅力的香味。

弗留利的格拉夫纳和拉迪科，经常将果皮与

品种名

甲州	无浸皮

Koshu without Skin Contact

日本引以为傲的本土品种，淡紫色的果皮和略带苦涩的味道是其最大的特征。有很多消费者并不喜欢这种特征，因此一般情况下甲州葡萄酒都通过澄清和过滤技术使葡萄酒变得像水一样无色透明。从某种意义上来说，这是一款非常具有日本特色的，清澈明朗且禁欲的葡萄酒。

葡萄酒名
中央葡萄酒
2005
Grace甲州鸟居
平田葡萄酒

Grace Koshu
Toriibira
Vineyard
2005
Chuo Budoshu

品种名

灰皮诺

Pinot Gris

灰皮诺与白皮诺一样，都是黑皮诺的变种，但其果皮中带有粉色。尽管白葡萄酒只使用果肉发酵酿造，但果皮上的颜色还是会对葡萄酒的颜色产生一定的影响。这款葡萄酒的彩度较高，深黄色中带有一丝粉色。

葡萄酒名
乔士迈庄园
2002
福洛门灰皮诺
葡萄酒

Pinot Gris
Le Fromenteau
2002
Josmeyer

品种名

白皮诺

Pinot Blanc

明亮、彩度较高的黄色。白皮诺是黑皮诺果皮中花青素基因突变消失的产物。口味鲜艳、明朗。白皮诺原产于勃艮第，现在常见于阿尔萨斯地区。

葡萄酒名
乔士迈
2002
"春天"
白皮诺

Pinot Bla
Mise du P
2002
Josmeyer

种子一起与白葡萄进行发酵，因此生产出来的葡萄酒颜色也相当深，甚至可以称之为没有红色的红葡萄酒。这种白葡萄酒整体发酵的方法，在全世界引发了轰动，日本最近也开始用甲州葡萄尝试这种方法。

木桶也能够溶出苯酚，在给葡萄酒增添颜色的同时，木桶的单宁也会同色素结合，使葡萄酒的颜色看起来更深。所以，使用木桶熟成发酵的葡萄酒，比用不锈钢桶熟成发酵的葡萄酒颜色更

深。而同样使用木桶，溶出成分更多的新木桶，比旧木桶的颜色更深。由于使用新木桶发酵的凝缩度非常高，从这一点上来看，可以说葡萄酒的价格与颜色是成正比的。

黑葡萄也可以酿造白葡萄酒。比如黑中白香槟，与白中白香槟相比，其颜色更深，还带有一些粉色。白葡萄当中，像琼瑶浆和灰皮诺等果皮颜色为深红色的品种酿造出来的葡萄酒，也比果皮颜色为浅绿色的品种颜色更深。

品种名	
霞多丽 木桶发酵和熟成	
Chardonnay, Barrel-Fermented	
便是相同的霞多丽品种，过木桶发酵和熟成之后，木桶苯酚的作用下，色调会变得更浓。由于木桶发酵和熟成属于较为普遍的霞多丽的制作工艺，所以这种密度的金黄色经常被认为霞多丽本来的颜色，但实上这并非品种的颜色。	葡萄酒名 山度富酒庄 2004 霞多丽 葡萄酒 Chardonnay 2004 Sandalford

品种名	
霞多丽 不锈钢桶发酵	
Chardonnay, Stainless-Tank-Fermented	
霞多丽葡萄酒因为品种的关系，本身的颜色非常淡，只能通过酿造过程来增加颜色。这款葡萄酒使用不锈钢桶发酵和熟成，呈现出具有透明感的鲜艳黄绿色。霞多丽以夏布利为代表，奥地利也有同样的类型。	葡萄酒名 让马克酒庄 2005 夏布利 葡萄酒 Chablis 2005 Jean-Marc Brocard

品种名	
甲州 有浸皮	
Koshu with Skin Contact	
希望重新认识甲州葡萄特点的生产者，积极地保留甲州葡萄浓重的颜色和苦涩的味道，通过浸皮技术将果皮和种子与果肉一起进行发酵。这样生产出来的白葡萄酒，拥有厚重的粉黄色。	葡萄酒名 Mercian酒庄 2005 甲州 葡萄酒 Koshu Gris de Gris 2005 Château Mercian

▶▶

波尔多的年份

颜色与年份的关系

每年的气候都不尽相同，这种差异会对自然的产物葡萄酒造成影响。所以观察葡萄酒的颜色，也是在观察葡萄生产年份的气候。

以波尔多为例，熟成后的葡萄酒，观察颜色就相当于观察葡萄酒在瓶中所经过的时间。熟成不但能够使葡萄酒的味道变得更加复杂，还会使葡萄酒的颜色从紫色变成砖红色。

一般情况下，日照量与颜色的浓度是成正比的。每当看到深色的葡萄酒时，我们几乎能够感觉到照耀在葡萄田上的璀璨阳光。很多人喜欢深色的葡萄酒，并非单纯出于对深色的喜爱，而是因为从其中看到了大自然的恩惠。

即便整个栽培过程中都是晴天，如果在收获前赶上下雨，那么葡萄也会因为吸收水分而膨胀，果皮与果汁的比率会下降，酿造出来的葡萄酒颜色自然会浅一些。最典型的例子就是从8月25日到9月1日一直大雨不断的1997年。而更极端的例子则是自从葡萄上色之后就一直下雨，夏天也不热，10月初的收获期还赶上瓢泼大雨的1992年。

也有一些夏季雨水很大，本以为会很惨淡的年份，但后来情况却出现了好转的情况。比较典型的就是2002年。这一年从9月中旬以后一直到收获期间的一个月内都没有下雨，阳光非常充足，

统一样本 / 罗思柴尔德男爵米隆修士堡

边缘的黄赤色意味着葡萄酒熟成得恰到好处，尽管整体的色泽较淡，但边缘部分也含有色素，能够使人感觉到其中的高密度。高雅的色调给人留下与口感共通的美丽印象。

葡萄酒名 1996

梅多克的赤霞珠，颜色中带有黑色调，就连边缘部分都充满色素是其显著特征。尽管2002年赤霞珠的混酿比率普遍较高，但这款葡萄酒赤霞珠只占55%，与2003年相同。

葡萄酒名 2002

非常炎热的一年，虽然天气干燥，但由于波尔多属于海洋性气候，与法国的其他产地相比并不是十分干旱，因此并不十分影响葡萄的成熟，颜色也非常健康和浓厚。几乎没有透明感，像血液一样的黑红色，边缘颜色稍微淡一些。

葡萄酒名 2003

Vintage 1996

Vintage 2002

Vintage 2

使葡萄的颜色非常深，单宁也很强，最终生产出了长期熟成型的葡萄酒。

开花期天气晴好，葡萄收获量很大的年份，葡萄酒的颜色也容易变得较淡。这就是1996年的葡萄酒颜色较淡的原因之一。勃艮第的2000年也是一个典型的例子。这一年葡萄开花情况良好，天气也非常棒，对葡萄来说是非常适宜生长的一年，所以葡萄拼命地繁衍子孙后代，种子数只有平时的一半，因此单宁含量变少，颜色也变得很淡。

与炎热的年份相比，凉爽年份的葡萄酒颜色更漂亮。炎热而且日照充足的1989年与2003年，葡萄酒的色调显得有些厚重。炎热的年份，酸性容易流失，pH会变高。波尔多在上述两个年份的葡萄酒pH都在3.8以上。pH越高，葡萄酒颜色中的锐度就会降低。特别是1989年，因为干旱导致葡萄的成熟缓慢，颜色本身就很淡。与之相反的，夏季凉爽的1996年，葡萄的酸度很强，颜色也非常漂亮。

混酿比率也会影响葡萄酒的颜色。2002年、1996年、1986年，梅鹿辄的收获期赶上下雨，赤霞珠的收获期则天气晴好，因此品质更好的赤霞珠在混酿中占据了更大的比率，生产出来的葡萄酒表现出更多赤霞珠的黑色调。

值得注意的是1986年。因为这一年的夏季比较干燥，导致葡萄的果皮很厚，后来又适当地有一些降雨促进了葡萄的成熟，紧接着是持续高温和晴好的天气，最终生产出了色泽非常浓厚的葡萄酒。由于其中含有的酸和单宁都非常强，防止了葡萄酒的氧化，所以即便经过了20多年，其色泽仍然非常鲜艳。

这就是最好年份的典型例子。

Château Clerc Milon

葡萄酒名 1986

这是年份最为古老的一[…]，但却丝毫感觉不到陈[…]非常浓厚的黑紫色，边[…]分也有明显的色素沉[…]1886年的味道非常坚[…]早期或许有人不是很喜[…]但熟成到现在的话就变[…]常完美。

Vintage 1986

葡萄酒名 1989

非常炎热的一年，色调也显得很温暖。尽管整体上都是红色，但并没有倾向于带有疲劳感的茶色系，而是非常漂亮的深红色。边缘虽然颜色较淡，但仍然拥有明显的色素，使人能够感觉到这是一个非常好的年份。口感也很好，正是适宜饮用的时期。

Vintage 1989

葡萄酒名 1992

坏年份的代表。整体色泽发红，颜色很淡，给人一种缺乏内涵的感觉，每一处的颜色都很模糊。边缘的渐变区域很广，能够看到红色和橘黄色的色调，说明经过了长期熟成。从味道上来看，已经超过了最佳饮用的时期。

Vintage 1992

勃艮第的产地

颜色与土地的关系

大自然刻印在葡萄酒之中的个性，不仅因年份而不同，也会因为土地的差异而有所不同。最能够表现这一情况的产地，就是勃艮第。这里基本都是使用单一品种进行葡萄酒的酿造，因此基本上可以排除葡萄品种所带来的变数，所以导致葡萄酒之间区别的最主要原因就是土地。这种区别不仅表现在味道和香味上，也同样表现在颜色上。

比如地形，光照较好的地方，葡萄的成熟度较高，颜色也较深。特级土地的葡萄酒颜色较浓，就是日照充足的最佳证据。即便在同一个山丘（相同土壤）同样高度的位置，东南朝向的特级葡萄酒颜色就较深，北向或者东北朝向的村名级别的葡萄酒颜色较浅。

另外，排水性较好的斜坡上的葡萄酒颜色较深，排水性较差的平地上的葡萄酒颜色较浅。因为排水性差的话，葡萄会吸收更多的水分使果实

统一样本 / 宝尚父子酒庄 2003

特级葡萄酒的颜色相当深，但村名级别的沃恩—罗曼尼葡萄酒颜色就相对淡了一些。尽管同为黏土质土壤，但由于其保水性较好，所以影响了葡萄酒的颜色。红色的暖色系，品尝起来的口感也非常圆润甘甜。

村名 沃恩—罗曼尼

Vosne-Romanée

在前面的品种所导致的颜色差异中也出现过这款葡萄酒，非常具有勃艮第黑皮诺特色的玫红色，浓度也十分到位。与哲维瑞的葡萄酒相比，更能够使人感觉到温暖和复杂性。口味很高雅，凝缩度极高，复杂。是一款典型的香波葡萄酒。

村名 香波—蜜思妮

Chambolle-Musigny

哲维瑞—香贝丹位于勃艮第北部的凉爽区域。适度的凉爽气候使葡萄酒的颜色更深。成熟度欠佳的1993年，也使葡萄酒的颜色更深。纯净严谨的冷色调，与这款葡萄酒的味道相一致。

村名 哲维瑞—香贝丹

Gevrey-Chamber

膨胀，从而影响果皮与果汁的比率。

　　土壤也是非常重要的因素。葡萄酒颜色的深度与土壤中的氧化铁含量成正比。沙质土壤的葡萄酒颜色较淡，黏土质土壤的葡萄酒颜色较深。前者代表的是萨维涅—博恩，后者的代表是烁黑—博恩，这两片土地仅仅相隔数米，但两者生产出来的葡萄酒颜色却完全不同。

　　海拔高度和纬度的差异，会导致气温的变化，使葡萄酒的酸度发生变化，同样会表现为颜色上的区别。此外，昼夜温差较大的地区（斜坡的中央区域，哲维瑞、香波等拥有较大山谷且经常有强风吹过的地区），会使酸度更好地保留下来，生产出的葡萄酒颜色也非常漂亮。

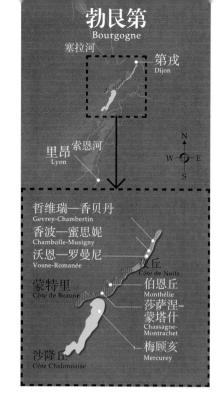

勃艮第
Bourgogne
塞拉河
第戎
Dijon
里昂 索恩河
Lyon
N
W　E
S
哲维瑞—香贝丹
Gevrey-Chambertin
香波—蜜思妮
Chambolle-Musigny
沃恩—罗曼尼
Vosne-Romanée
夜丘
Côte de Nuits
蒙特里
Côte de Beaune
伯恩丘
Monthélie
莎萨涅-蒙塔什
Chassagne-Montrachet
沙隆丘
Côte Chalonnaise
梅顾亥
Mercurey

Bouchard Père & Fils 2003

梅顾亥 村名

亢的红葡萄酒具有非常的草莓般的水果味道，度极高的红色充满魅人中心到边缘的颜色都或许由于其日照条件土壤较轻的缘故吧。

Mercurey

莎萨涅—蒙塔什 村名

这一产地同时生产红葡萄酒与白葡萄酒。尽管这里的特级蒙塔什白葡萄酒更为著名，但也拥有很多适合生产红葡萄酒的坚固的石灰岩黏土土壤。如同血液一样浓重色带度较低的红色，品尝起来也充满了铁质的味道。

Chassagne-Montrachet

蒙特里 村名

海拔较高，位于山谷之间日照时间有限的蒙特里村，生产出来的葡萄酒清纯且高雅。尽管其颜色较淡，渐变区域也很广，但色调却非常漂亮，仿佛具有透明感的草莓。颜色与口感给人的印象完全一致。

Monthélie

第三节 / 品尝葡萄酒的香气

Wine Tasting Skills & Tips Part3 Aroma

1

14种香气的表现

我们曾经见过的颜色和形状，事后要回忆起来非常简单。只要闭上眼睛那种情景就能够浮现出来，如果有纸和笔的话，甚至还能够在某种程度上将其重现。声音也是如此，不但容易记忆，事后还可以随性吟咏。

与上述这些情况相比，气味就显得有些难以揣摩。或许气味是最原始、最抽象、最难以用语言表达的感觉。比如导致木塞变味的物质三氯苯甲醚TCA，在注满水的游泳池里只要加入一滴这种物质，我们也能够感觉得到。使未成熟的赤霞珠散发出青椒香气的物质甲氧基吡嗪，在1万吨葡萄中的含量，也只有一粒葡萄那么多，但我们却仍然能够感觉得到。尽管我们拥有如此敏锐的嗅觉，却只能接受而无法记忆，无法独自使其重现，也无法将这种感知传达给他人，气味就是这样可悲的东西。在气味面前，人类显得渺小而且无力。

同时，气味也是非常可怕的东西。你是否因为某种熟悉的香水味，而想起某个擦肩而过的陌生人？你是否因为某种熟悉的气味，而怀念某个离你而去的人？这种气味究竟是什么，完全无法用语言来表达。

但你或许注意到，葡萄酒的香气是可以用语言来描述的。而且这种描述葡萄酒香气的词语，甚至一直传达到了消费者的领域，成了一种普遍化的东西，除了葡萄酒之外，或许再也没有什么气味可以如此表达了吧？

琼瑶浆有蔷薇的香气。即便你之前并没有发现这一点，但在听到这句话之后，肯定会感觉到琼瑶浆中所含有的蔷薇香气。人类具有很强的意识感知力，即便是非常模糊的香气，也能够赋予其清晰的轮廓。因此，当我们遇到宿命中的那瓶葡萄酒，或者说，通过葡萄酒使心中充满特殊情怀的那一瞬间，为了使瞬间成为永恒，我们的意识就会唤起这种感知力，将这一瞬间的气味固定在记忆之中。

这一行为的意义，并不是为了确认琼瑶浆中存在使其散发出蔷薇香味的物质。琼瑶浆不只有蔷薇香味，还存在其他800多种气味。甚至蔷薇香味本身也有600多种。想要列举这些气味，或者分辨其中的区别，都是不可能的。

所以我们应该注意的是，当第一次听到"蔷薇香"这个词的时候，所出现的内心世界与综合感觉的变化。从语言学的角度来说，就是针对"蔷薇香"这个语言符号，我们首先想到的不是物质分子的概念，而是一种心理上的状态。

葡萄酒的作用就是带领我们进入某种心理状态，是某个世界层面的象征。让我们以此为前提，参考接下来的内容，尝试着用自己的语言来描述葡萄酒的香气吧。

1

2

霞多丽

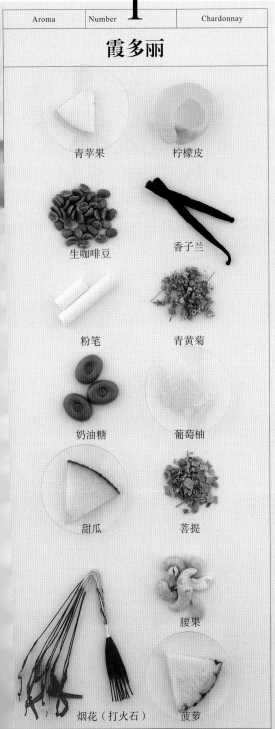

青苹果　　柠檬皮

生咖啡豆　　香子兰

粉笔　　青黄菊

奶油糖　　葡萄柚

甜瓜　　菩提

腰果

烟花（打火石）　　菠萝

长相思

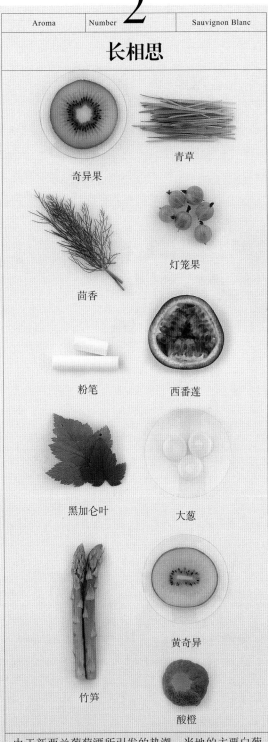

奇异果　　青草

茴香　　灯笼果

粉笔　　西番莲

黑加仑叶　　大葱

黄奇异

竹笋

酸橙

每当闻到坚果、奶油、香子兰的气味时，很多人都会想到霞多丽，但实际上霞多丽这一品种本身的气味非常淡，而上述这些都是木桶发酵熟成时所产生的气味。不过，由于实际上霞多丽葡萄酒绝大多数都是用这种方法酿造生产而成的，所以这也可以说是霞多丽葡萄酒香气的一部分。同时由于其品种个性很弱，所以寒冷产地的霞多丽具有葡萄柚和香草茶的气味，温暖产地的霞多丽则具有热带水果的气味，非常忠实地反映出产地的环境特征。

由于新西兰葡萄酒所引发的热潮，当地的主要白葡萄品种长相思也受到了世人的关注。那种直冲鼻腔的强力且具有清凉感的气味，可以说只要闻过一次就终生难忘。与霞多丽的气味形成鲜明对比。不过，正如有人将这种气味形容为"猫尿"一样，并非所有人都能够接受长相思的刺激性气味。

雷司令

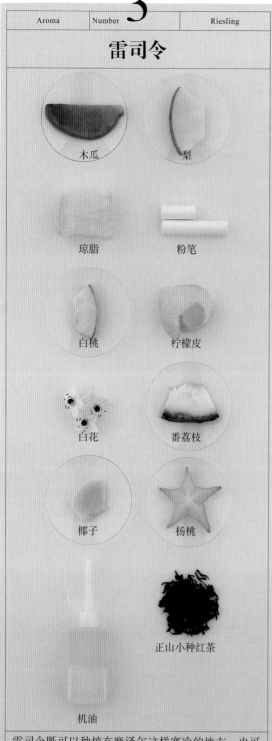

木瓜　　　梨

琼脂　　　粉笔

白桃　　　柠檬皮

白花　　　番荔枝

椰子　　　杨桃

正山小种红茶

机油

雷司令既可以种植在摩泽尔这样寒冷的地方，也可以种植在纳帕谷这样温暖的地方，既有辣口的，也有甜口的，因此雷司令葡萄酒的香气也是多种多样。不过整体上来说，还是以丰满的桃子香气为中心，兼具复杂的矿物质味道。尽管其香气非常优雅缜密，但却并不死板，灵动而野性的部分也非常使人着迷。

琼瑶浆

格雷伯爵茶　　　金银花茶

青黄菊　　　香子兰

肉桂　　　芫荽子

红蔷薇　　　砂糖橘皮

枯茗子　　　荔枝

妮维雅　　　锡兰红茶

不管是在原产地上阿迪杰，还是在现在的主要产地阿尔萨斯、加利福尼亚和德国，琼瑶浆这一拥有强烈个性的品种，一贯以蔷薇和荔枝的香气为中心，但只有真正优秀的土地，才能够发挥出其魅力。沙质土壤生产的琼瑶浆葡萄酒，尽管气味很浓重，但也容易让人感到厌倦。特别是恶劣的风土和低廉的酿造成本，使葡萄酒缺乏复杂性，就好像卫生间里的芳香剂一样。选择石灰质土壤的琼瑶浆葡萄酒非常重要。

维欧尼

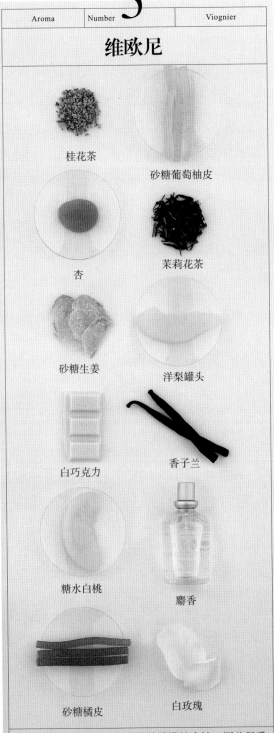

桂花茶

砂糖葡萄柚皮

杏

茉莉花茶

砂糖生姜

洋梨罐头

白巧克力

香子兰

糖水白桃

麝香

砂糖橘皮

白玫瑰

维欧尼拥有很强的香气和简单易懂的个性，因此很受欢迎，最近除了其原产地罗纳北部之外，在其他地区也开始大量种植。但恶劣的风土与低廉的酿造成本生产出来的维欧尼葡萄酒香味很差。比如康德吕就有成熟的高级白桃香味，而法国南部不知名乡村生产的葡萄酒就是白桃罐头的味道。遗憾的是，后者的葡萄酒占据大多数。另外在康德吕之外的地区，也有不少感觉像黄瓜一样清香的味道。

灰皮诺

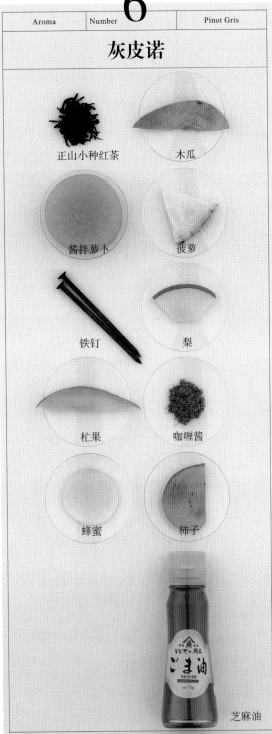

正山小种红茶

木瓜

酱拌萝卜

菠萝

铁钉

梨

杜果

咖喱酱

蜂蜜

柿子

芝麻油

灰皮诺是黑皮诺的变种，因此其原本拥有的个性更近似于红葡萄酒。它没有洗练、优美、清澈、爽快等白葡萄酒的特征，反而具有沉稳、厚重、具有包容力的烟熏香味。因此灰皮诺是非常适合冬季饮用的白葡萄酒，也是最适合搭配肉类料理的白葡萄酒。不过这都是在阿尔萨斯地区的情况，意大利的灰皮诺葡萄酒香味刺激，而且带有明显的水果味。

赤霞珠

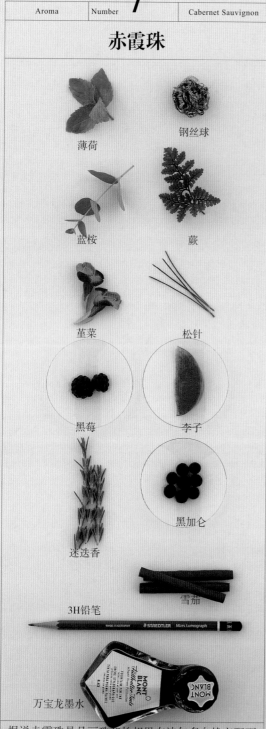

薄荷

钢丝球

蓝桉

蕨

菫菜

松针

黑莓

李子

迷迭香

黑加仑

3H铅笔

雪茄

万宝龙墨水

据说赤霞珠是品丽珠和长相思在波尔多自然交配而产生的品种。所以赤霞珠拥有和长相思相同的黑加仑香味。很多人认为这是赤霞珠"尚未成熟"的标志而不太喜欢，但这种适当的清凉感反而与赤霞珠那强劲的味道相得益彰，整体保持平衡。凉爽而坚固的香气，给人留下沉稳宁静的印象。

梅鹿辄

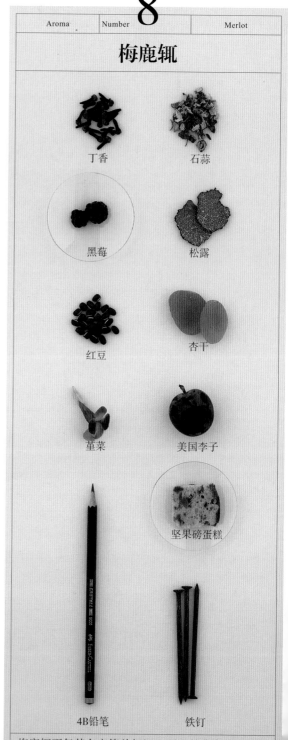

丁香

石蒜

黑莓

松露

红豆

杏干

菫菜

美国李子

坚果磅蛋糕

4B铅笔

铁钉

梅鹿辄不仅其名字简单好记，而且是非常普遍的品种。只有极少数的酿造者能够以梅鹿辄单一品种酿造出优秀的葡萄酒，而其价格则大多非常昂贵。好的梅鹿辄葡萄酒具有丰满且充满魅惑气息的香味，在拥有明朗快活、外向社交的性格同时，还兼具复杂与优雅。但绝大多数的梅鹿辄葡萄酒并不优秀，因此一般情况下难以品尝到理想中的味道。

品丽珠

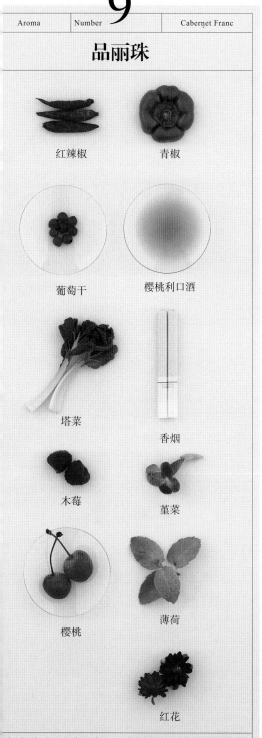

红辣椒　　　　青椒

葡萄干　　　　樱桃利口酒

塔菜　　　　香烟

木莓　　　　堇菜

樱桃　　　　薄荷

红花

一般来说，只有卢瓦尔地区使用品丽珠单独酿造葡萄酒。而且绝大部分卢瓦尔的品丽珠葡萄酒，都因为当地气候寒冷的缘故，散发出非常强烈的青椒和荷兰芹的气味，只有少数人喜欢。但实际上成熟后的品丽珠可以说非常优秀、高雅、惹人怜爱，以清爽且悠长的堇菜和樱桃味为主。品尝起来口味柔和，单宁和酸味都很圆润，与香味给人留下的印象完全一致。

黑皮诺

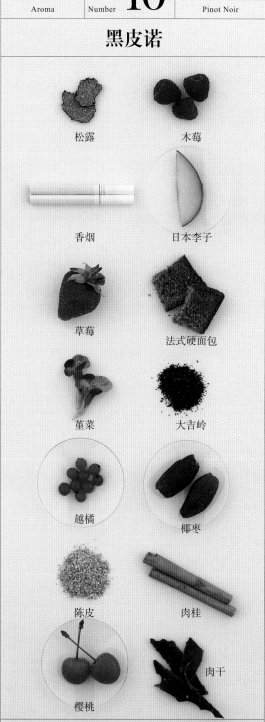

松露　　　　木莓

香烟　　　　日本李子

草莓　　　　法式硬面包

堇菜　　　　大吉岭

越橘　　　　椰枣

陈皮　　　　肉桂

樱桃　　　　肉干

如果要列举黑皮诺的气味，那要花上几小时的时间。没错，黑皮诺的气味就是有这么多。没有一种气味在其中显得特别突出，而是许多纤细的要素非常复杂地组合在一起的感觉。如果一款葡萄酒的气味非常单调的话，那么可以肯定地说这款葡萄酒失败了。不除梗就直接进行酿造的古典方法，虽然在葡萄酒年份较轻的时候口感比较青涩，很多人不喜欢，但经过熟成后就会出现肉桂一样复杂的香气。

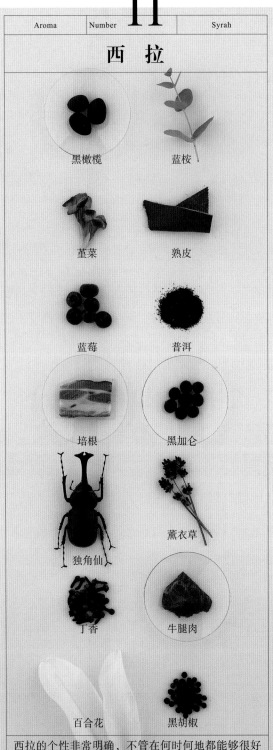

Aroma	Number 11	Syrah

西 拉

黑橄榄 　　　 蓝桉

菫菜 　　　 熟皮

蓝莓 　　　 普洱

培根 　　　 黑加仑

独角仙 　　　 薰衣草

丁香 　　　 牛腿肉

百合花 　　　 黑胡椒

西拉的个性非常明确，不管在何时何地都能够很好地表现自己，因此除了原产地罗纳北部之外，西拉在其他许多产地也都取得了成功。气味浓烈的薰衣草和香料的气味非常明显，不管何种价位都拥有相同的特点，所以完全可以放心大胆地购买，绝对不会失败。虽然西拉具有黑胡椒的香味，但是在艾米塔基和罗第丘这样最高级的土地上，由于还有很多其他的因素，所以黑胡椒味就不是那么明显。

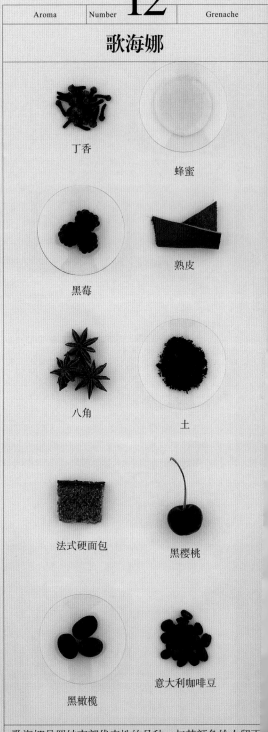

Aroma	Number 12	Grenache

歌海娜

丁香 　　　 蜂蜜

黑莓 　　　 熟皮

八角 　　　 土

法式硬面包 　　　 黑樱桃

黑橄榄 　　　 意大利咖啡豆

歌海娜是罗纳南部代表性的品种，与其颜色给人留下的印象相同，歌海娜的气味也非常温和与宽容。与刺激鼻腔的西拉形成鲜明对比的是，歌海娜的气味十分柔软轻盈。但如果歌海娜葡萄酒的凝缩度不够的话，酒精的刺激性气味就会非常明显。歌海娜单独酿造葡萄酒时绝大多数情况下都是甜口的，气味具有黑色果实和黑砂糖以及香料的丰富个性与明确的表现。

内比奥罗

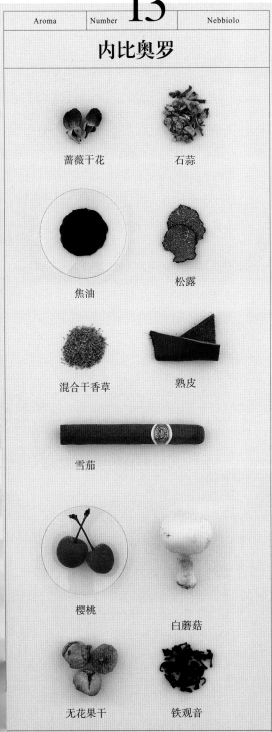

蔷薇干花　石蒜

焦油　松露

混合干香草　熟皮

雪茄

樱桃　白蘑菇

无花果干　铁观音

作为巴罗洛品种的内比奥罗，经常被认为具有焦油和玫瑰的气味，实际上也确实如此。无论怎么想都无法联系到一起的这两种极端的气味竟然完美地结合在一起，而且还能够令闻到的人感到心旷神怡，实在是非常不可思议。由于内比奥罗的个性并不张扬，所以如果不将注意力完全投入其中的话，就感觉不到其隐藏在深处的细节。由于内比奥罗葡萄酒都经过长期熟成，因此经常带有熟成后的松露和熟皮香味。

桑娇维塞

蓝莓　大吉岭

巴旦木　小番茄

松露　铁钉

迷迭香　香烟

熟皮　堇菜

牛蒡　黑樱桃

桑娇维赛的代表葡萄酒之一布鲁尼洛精品干红，由于经过长时间木桶熟成的缘故，使得这一品种的香气与稍微有些混浊的熟成香气很容易混杂在一起。但年轻时候的桑娇维赛葡萄酒，特别是在海拔较高的贫瘠土壤中生产出来的葡萄酒，具有清新的堇菜香味。其代表性葡萄酒基安蒂，具有巴旦木和烟草的香味。如果是海岸附近的较重土壤，还会有泥土的气味。

2　产地的冷暖与香气的分类

葡萄酒的香气大致可以分为三类，即第一类香气、第二类香气和第三类香气。

第一类香气是葡萄品种本身的香气。比如麝香葡萄，无论何时何地，不管是辣口还是甜口，不管是发泡酒还是酒精添加酒，都散发出麝香的香味。

第二类香气是发酵产生的香气。不管是夏布利的霞多丽，还是瓦豪的雷司令，即便在果汁中都有一股相似的热带水果香气，但发酵后，夏布利有其独特的气味，瓦豪也有其独特的气味。

第三类香气是熟成的香气。即便是年轻时具有树莓香气的葡萄酒，经过十年的熟成之后，也会散发出腐叶土、松露和熟皮的香气。

按照这种分类，当我们想要表现琼瑶浆的香气时，那么它的第一类香气是蔷薇香，第二类香气是矿物质香，第三类香气是枯叶香。这种表现方法，可以说是将葡萄酒的香气按照酿造与熟成的时间顺序来进行的分类。

不过分类方法并不唯一。列举出来的要素实际上可以按照许多种形式进行分类。比如以瘦子生产的葡萄酒和胖子生产的葡萄酒这种二分法，将葡萄酒的香气进行分类。结果我们会发现，前者具有堇菜、树莓和矿物质的香味，而后者则具有黑莓酱、黑砂糖、八角的香气。如果以艺术爱好者生产的葡萄酒和体育爱好者生产的葡萄酒进行分类，大概也会得到类似于上述内容的结果吧。如果按照自然历来进行分类，那么或许花期日的香气就是堇菜，生根日的香气就是甘草。

尽管上述这些分类都只是一种比喻，但从复合的视角来对葡萄酒进行分类是非常重要的。接下来让我们举一个简单的例子，以产地的冷暖来对葡萄酒的香气进行分类。不论任何品种，寒冷产地的葡萄酒有寒冷产地的香味，温暖产地的葡萄酒则有温暖产地的香味。比如寒冷的桑塞尔和夏布利，长相思和霞多丽都超出了品种本身的区别，而散发出相似的香草和青苹果的香味。而温暖的产地，纳帕谷的赤霞珠与普利亚的黑曼罗，都散发出黑莓和丁香的香气。葡萄酒的个性与自然之间的关系这一重要的因素，仅凭如此简单的分类就能够使人一目了然，在葡萄酒的实际使用中也同样发挥着重要的作用。

总之，基于每个人不同的感性和思想，基于每个人不同的目的和意识，每个人都可以有自己不同的分类方法，并且根据得出的结果来进行思考。这也是葡萄酒给我们带来的乐趣之一。

温暖产地的白葡萄酒

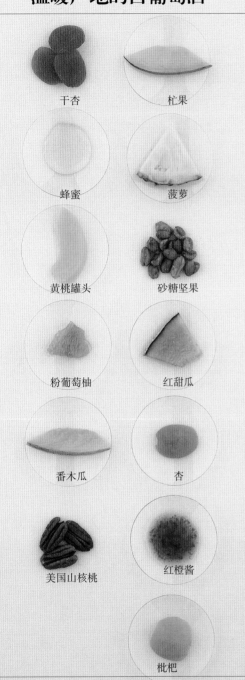

干杏 　　杏果

蜂蜜 　　菠萝

黄桃罐头 　　砂糖坚果

粉葡萄柚 　　红甜瓜

番木瓜 　　杏

美国山核桃 　　红橙酱

枇杷

温暖产地的白葡萄酒，多数都带有热带水果的香气，尤其是像霞多丽那样自身个性较弱的品种更加明显。与这种风味最为搭配的料理，毫无疑问是环太平洋地区，具有民族风情的味道浓重的料理。在考虑品种等其他差异因素之前，首先将温暖产地的白葡萄酒搭配温暖产地的料理作为大前提就足够了。

寒冷产地的白葡萄酒

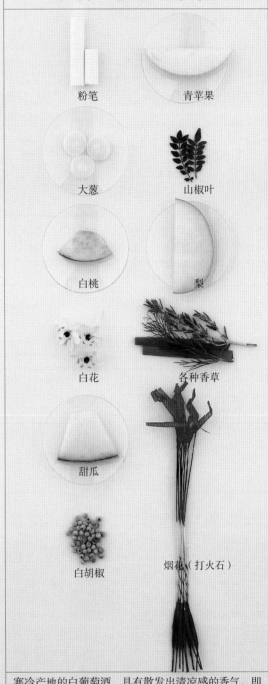

粉笔 　　青苹果

大葱 　　山椒叶

白桃 　　梨

白花 　　各种香草

甜瓜

白胡椒 　　烟花（打火石）

寒冷产地的白葡萄酒，具有散发出清凉感的香气。即便同样是香草的香味，也不像炎热地区的香草那样香气浓烈扑鼻，而是像法国香芹一样清澈的香气。不过寒冷产地的白葡萄酒与北方的料理搭配时，由于北方料理大多都是温润的口感，所以稍微有些不太合适。因此在考虑寒冷产地白葡萄酒的搭配时，最好选择凉爽的食材和料理（比如章鱼生鱼片、梅子拌鳗鱼）。

温暖产地的红葡萄酒

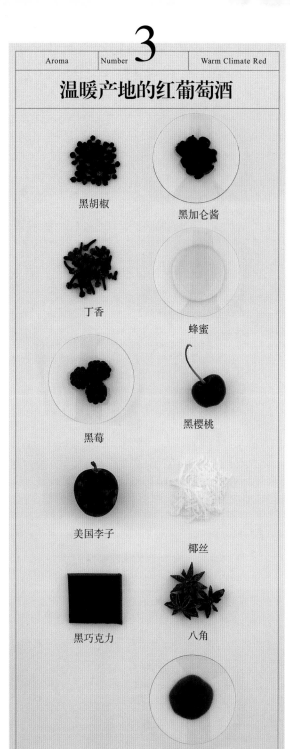

黑胡椒

黑加仑酱

丁香

蜂蜜

黑莓

黑樱桃

美国李子

椰丝

黑巧克力

八角

李子酱

温暖产地的红葡萄酒，具有香料的香气和蜜饯一样浓厚的果实香。即便是相同的品丽珠，在温暖的纳帕谷和博格利，具有与卢瓦尔的纤细香气完全不同的黑樱桃酱一般的甜蜜香气。温暖产地的红葡萄酒比较适合搭配香气浓郁口感丰厚的肉类料理。

寒冷产地的红葡萄酒

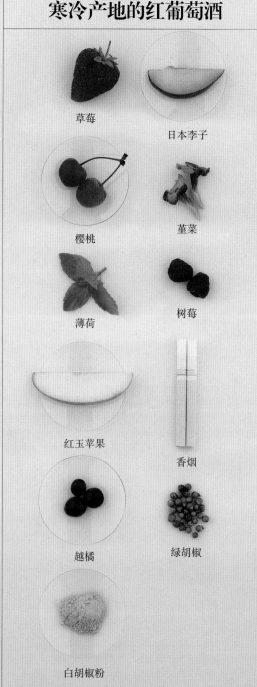

草莓

日本李子

樱桃

堇菜

薄荷

树莓

红玉苹果

香烟

越橘

绿胡椒

白胡椒粉

绝大多数黑葡萄都喜欢温暖的气候。寒冷产地，未成熟的黑葡萄的单宁很涩，香气也不够，不适宜饮用。如果要想用这种葡萄酿造葡萄酒，必须采取限制收获量等方法，付出极大的努力才行。也就是说，但凡寒冷产地出产的红葡萄酒，必然是高级的葡萄酒。比起轻而易举就能栽培出葡萄的地方，那些拥有极限气候的产地出产的葡萄酒香气更加精妙、高雅，让人不由自主地在其面前认真起来。与之搭配的料理也应该是非常正式且精美的高级料理。

如果只是为了喝葡萄酒的话，有开瓶器和玻璃杯就
足够了。
但如果是为了品尝葡萄酒，那就稍微有些不同。
必须选择合适的道具，按照正确的顺序，并且进行
准确的记录。
接下来就为大家介绍一些在品尝葡萄酒时会用到的
道具。
不同形状的玻璃杯也会使葡萄酒的味道发生变化。
在品尝葡萄酒的时候尽量选择最合适的道具组合享
受葡萄酒带来的乐趣。

第4章
葡萄酒周边
商品介绍

Wine Glass

Wine Opener

Wine Keeper

Tastevin

赤霞珠／梅鹿辄

Cabernet Sauvignon/Merlot ▼▼▼

RIEDEL–vinum416/0 Bordeaux

香、成熟与统一。表现风土、熟成差异、木桶、微缜密的、细优。忠实气、木的别优。

ZWIESEL THE FIRST 112913

花具高香丝滑非常。菜常多的同柔非注目。董非尔色如般优人。突有雅特、波特般优人酒杯。气绸和引酒一度，直体有度。呈弛下部，整体张弛有度。

Pinot Noir ▼▼▼

黑皮诺

红葡萄酒杯
Christofle Albi

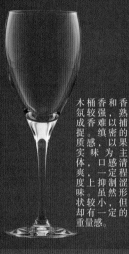

木桶较成熟香氛成捉质感，和香强，以密以为主、口味爽度上。香气难捕、熟定制涩形但的、抑虽小一定、状却有重量感。

Perle Bordeaux

的后腐重葡萄中质相人耐木背和沉与口的甜给人一种、土的香酒甸和统一。突香有叶香葡萄沉感统一。出气、黏土味、在甸甘给的常非常用的印象。

RIEDEL–sommeliers4400/00 Bordeaux Grand Cru

丰天满的人味优、常充调令怡。酸常杯大、薄、非酒杯纤。香满鹅异国成旷熟心深余雅。气绒感神处韵的非常很十分细。非璃缘玻边缘轻。

LOBMEYR Bal Bourgogne

纤细的、适度、突实的甜感。出果盈有魅力、圆润的外形，较低高度。玻璃边缘、边薄、很薄纤量。花香，饱满味、触感轻、盈实的甜味、轻纤细、量。

葡萄酒杯 IV
LOBMEYR Ballerina

香气与味道都非常轻盈、高雅。木桶的芬芳与花香融合在一起。舌尖的触感很柔软，自始至终都保持柔和优雅的味道，高度略低，形状较小，玻璃很薄，边缘纤细。

ZWIESEL ENOTECA Bordeaux

道激味度、酸制、觉到的差别。和味剌实度，酸制，觉到有曲气突出果、甜到够微都性较受，甜味发的酒杯，够许些细柔和的线。

RIEDEL–vinun Bourgogne

前奏是花香与红醋栗的果实香。充分的果实甜味背后则隐藏着酸味和矿物质味道，整体感觉非常均匀。

ZWIESEL ENOTECA Bourgogne

突出木桶香与矿物质香。能够明显地感觉到矿物质中的盐味，非常有安心感的味道。

ZWIESEL THE FIRST 112912

酒、木的风情。和同克顺部啤质融合心，如巧一般矿物香域香融力滑子融异降低融化的酒杯轮重分较大，呈直线杯口宽阔。

WEDGWOOD vintage redwine

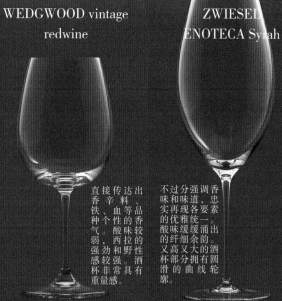

直接传达出香、辛料等品种个性的性。铁、血等较味酸感，西拉和野强较强，劲酒杯非常具有重量感。

ZWIESEL ENOTECA Syrah

不过分强调香味和味道，忠实再现各要素的优雅统一。酸味缓缓涌出的纤细余韵。又高又大的酒杯部分拥有圆滑的曲线轮廓。

...rle Bourgogne

黑樱桃与泥土混合在一起的香气。缜密且黏稠，重心较低的味道，突出刺激性。

Wine Glass

3

西　拉

Syrah ▼▼▼

RIEDEL-sommeliers4400/30 Hermitage

容量很大，适合董菜等凉爽香气，与花质平缓香气的印象。矿物酸味调丝雅优。酒杯较大，但大小适中。玻璃边缘很纤细。

ZWIESEL THE FIRST 112914

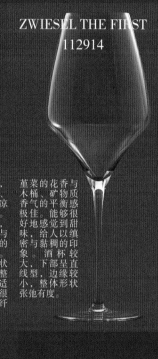

董菜的花香与木桶、矿物质香气的平衡感极佳。能够很好地感觉到甜味，给人以缜密与黏稠的印象。酒杯较大，下部呈直线型，边缘较小，整体形状张弛有度。

RIEDEL-...meliers4400/16 ...gne Grand Cru

矿物质、营养素、坚果等高雅的香气。柔和的酸味缓慢而优雅地出现，轻轻击打着味蕾。酒杯部分的容量很大，玻璃很薄，边缘纤细。

LOBMEYR Ballerina Beer glass

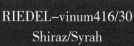

以黑色系味为主体饱满的优雅分韵。果实制抑柔。十余很得玻璃好。入口后酸味现得很早。玻璃边缘纤薄、纤细。

RIEDEL-vinum416/30 Shiraz/Syrah

木桶与刺激性的气味构成了前奏的香味。重心较低，有肉感。入口后有黏稠和野性的印象。与4400/30相比，酒杯部分的弧度更大。

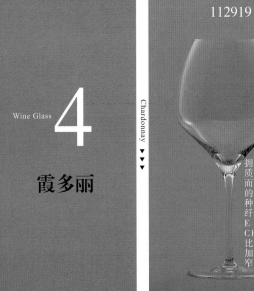

Wine Glass 4

Chardonnay ▼▼▼

霞多丽

ZWIESEL THE FIRST
112919

拥有花蜜、矿物质、芬芳等华丽而令人心旷神怡的香气。给人一种柔顺、高雅、纤细的印象，与ENOTECA Chardonnay相比，酒杯部分更加圆润，边缘较窄。

Wine Glass 5

Riesling ▼▼▼

雷司令

ZWIESEL ENO
Riesling

突出矿物质、烟熏味道像是纯净的果实、稳定且平衡性极佳。

RIEDEL−vinum416/97
Montrachet

以蜂蜜主果和稠密的体。等香气突出芳华为的甜香，黏实且果酸余韵玻璃缘纤细。厚重感尤为明显。与4400/7相比，酒杯部分更有重量感。

ZWIESEL ENOTECA
Chardonnay

突出烟熏的香味。果实味沉甸甸地压在舌尖。给人留下干燥和肉感的印象。

RIEDEL−vinum416/15
Riesling Grand Cru

丽留香刻矿实实厚印下的给人华深。果充且道高，随后出象非常矿物味浓度度重，酸味涌出。与4400/15相比，更具重量感。

RIEDEL−
sommeliers4400/15
Grand Cr

香气都有坚实与味道的能感酒各凝很深烈感，地萄部硬感确萄有素，心韵远余玻璃很薄，分很，部大，杯缘纤细。

RIEDEL−
sommeliers4400/7
Montrachet

高雅的香稠而现表的时凝和矿道爽薄细。杂黏复甜酒气质甘出重留存酸物韵余，玻璃缘纤，质同有味凉细。

LOBMEYR Ballerina
葡萄酒杯I

突出花香，纤细而华丽的香味。如同棉花糖般柔和的舌尖触感和漂亮的酸味给人留下深刻印象。玻璃很薄，边缘纤细，非常轻。

WEDGWOOD vintage
whitewine

如同黄桃一样甘甜的香气。柔味充满个口腔，突出新鲜的味道和轻快的感觉，给人留下可爱俏皮的印象。

LOBMEYR Ba
葡萄酒杯

以苹果净且香气酸腔味很脚征。等纯盈的主气为，激充满爽玻璃薄，有玻阿尔杯的特轻。激满口感玻，杯有玻脚萨斯的特征。

SEL THE FIRST
112918

柑橘、麝香等香气性极柔和的矿物质味心平稳，也同样适合用来饮用长相思。

RIEDEL–vinum416/33
Sauvignon Blanc

稍显沉稳的果实香，以矿物为主的辅质凝实，适当突出香缩感，酸味隐藏在深处，平衡良好。与4400/33相比，稍微有些重量感。

Wine Glass

7

起泡酒

Sparkling Wine ▼▼▼

WEDGWOOD
DELIGHT Champagne

限制香气的浓度，前奏引出矿质的香味。碳酸与酸味在口中一起进发，爽快感。具有一定高度，直线型轮廓，边缘收缩，长笛形，有一定重量感。

lass

6

长相思

Sauvignon Blanc ▼▼▼

RIEDEL–
sommeliers4400/33 Loire

品种的香质个性与矿物香气交融，氛味伸展并现。酸味给人深刻印象，与优雅的味道留下快感。玻璃很薄，边缘纤细。

Christofle Collection 3000
Champagne Flute Pear set

新鲜香味和酸味的非常开胃，橘柑的特造用快独特构合适酒底座材取出使用。下部是金属材质，上部的杯可以取出单用。

Perle Champagne

快香其的以很是笛间向具重。爽熏于一所范围体长中微，由统整型，前的衡平特适广典型，但稍膨胀，此外也有一定量感。

IEYR Ballerina
葡萄酒杯V

洗练的出矿味，舌触感质材质玻璃很，边缘纤细非常轻。缩的香气且浓物质尖顺，有柔感。

ZWIESEL ENOTECA
Sauvignon Blanc

拥有强烈的成熟果实的华丽香气，突出坚硬的矿物质感。口感非常干脆清爽。

RIEDEL–vinum416/48
Cuvee Prestage

不偏或重于味道，但地感觉到味且实地体味的平衡给人印象。香道，确整到味，长久感觉口且实留下深刻印象，典型的长笛形。

Christofle Albi
Champagne Flute

爽快味香气与前奏是果味优甜，造型稍微有些挡住的长笛形流线型轮廓。水衡前质的顺果柔美，酒整体较小，此杯较小。

LOBMEYR Ballerina · Champagne Tulipa B (tall)

清淡而气泡丰富，对现出表面纤细的香气。饮来爽快，泡沫细而酸味丰富，极适用类型。酒杯部分稍小，拥有圆滑的曲线，玻璃边缘很薄，纤细，轮廓璃缘很轻。

WEDGWOOD Aries Champagne

以柑橘系的清凉香气为主体。充分地盈现和新鲜的味道，非常适合以果实味为主的起泡酒。杯部的设计非常漂亮的线形，是直笛线的长笛形。

ZWIESEL THE FIRST 112926

花蜜、坚果等厚重的香气，容量也很大。酸味受到限制，具有黏稠度与重量感，突出爽快感。与ENOTECA Champagne相比，酒杯中部的弧度更大。杯口更小，整体形状张弛有度。

RIEDEL BLACK STEMLESS Tasting Glass 8400/5

品尝专用的STEMLESS Tasting系列的黑色版，这款8400/5是维欧尼、霞多丽专用，还有赤霞珠、梅鹿辄专用的8400/0。

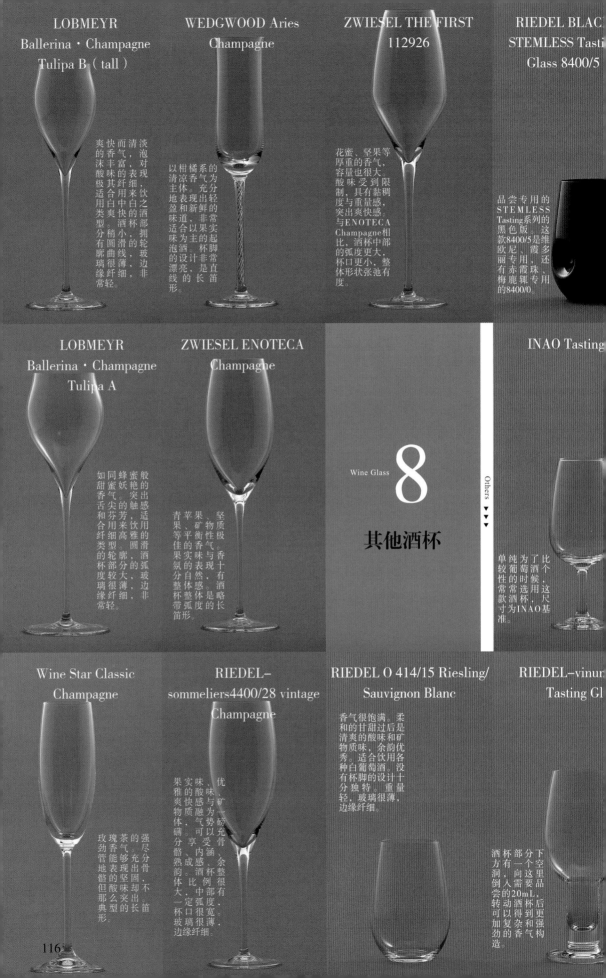

LOBMEYR Ballerina · Champagne Tulipa A

如同蜂蜜般妖艳的突出感，适用于饮雅的滑圆酒弧。甜蜜的舌尖芳和合纤类的轮廓，杯部分较大，玻璃边缘很薄，纤细，缘很轻。

ZWIESEL ENOTECA Champagne

坚质极的矿物性香气与现，酒略有酒度的长笛形。苹果、青果等佳果分氛整体感，香十有，酒是自然的整体带弧度的笛形。

Wine Glass

8

其他酒杯

Others ▼▼▼

INAO Tasting

为了品酒的时候，常常选用这款酒杯。比较有个性，这个尺寸用为INAO基准。单纯品葡萄酒较常。

Wine Star Classic Champagne

玫瑰劲香能表现地，但那是典型的长笛形。茶香气足够表现坚实突出的酸味，强劲尽骨，固却不出的长笛形。

RIEDEL– sommeliers4400/28 vintage Champagne

果实味、优雅的酸味、爽快感和矿物质融为一体，气势磅礴，可以享受内涵、成熟感，余韵。酒体整体比较大，中部有一定弧度，杯口很宽，玻璃很薄，边缘纤细。

RIEDEL O 414/15 Riesling/Sauvignon Blanc

香气很饱满。柔和的甘甜过后是清爽的酸味和矿物质味，余韵优秀。适合饮用各种白葡萄酒。没有杯脚的设计十分独特。重量轻，玻璃很薄，边缘纤细。

RIEDEL–vinum Tasting Gl

下方空间这里需要品尝。酒杯部分有一个洞，向里倒入需要品尝的20mL，转动酒杯后可以得到更复杂和强劲的香气构造。

VIESEL Wine Tasting Black

盲品用的黑色酒杯。因为无法看到以颜色，将能够更加集中注意力在香气和味道上。

Wine Star Catering Red Wine

直接感觉到单宁的风味，收放自如的丰富积累。同样适用于富实新世界的葡萄酒。体积中等，酒杯部分较宽。

Perle Red Wine

突出香气的华丽与果实的甘甜，限制酸味。用于饮用酸味较多的黑皮诺时，可以帮助协调整体的平衡。大小适中，给人一种结实耐用的印象。

Cristal D'Arques Master Collection Bordeaux Wine Glass 470cc

以花香为前奏，保持果实味与酸味的平衡，适用范围很广，尤为适合饮用西拉葡萄酒。大小适中，酒杯部分较高，结实厚重，给人留下厚重、结实耐用的印象。

Perle White Wine

绵长的果实味和爽劲的后味，适合饮用甲州等白皮诺葡萄酒。造型圆润，杯口较小。

Wine Star Classic White Wine

香气与味道都突出矿物质味，给人留下统一的坚硬且柔顺的印象。最适合饮用雷司令和夏布利葡萄酒。酒杯部分较大，高度，给人一种结实耐用的印象。

Cristal D'Arques Master Collection Wine Glass 590cc

果实与花朵的华丽香气。突出果实味，限制酸味，质感柔顺。非常适用于饮用意大利中部与南部的红葡萄酒。酒杯部分十分圆润，具有一定的厚重感。

RIEDEL- sommeliers8400/15 Blind · Blind Tasting Glass

完全隐藏颜色信息，极佳的盲品酒杯。感官完全集中在本葡萄酒究酒的盲品，可以将力集中在酒身。

Star Catering White Wine

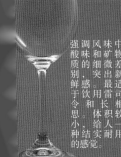

强调酸味和矿物质的细微差别，突出鲜感。最适于饮用长相思和甲州。体积较小，给人一种结实耐用的感觉。

Perle White Wine Large

柔和且有很强的甜味，限制酸味。突出凝缩感和黏稠感，适于饮用灰皮诺、霞多丽等。酒杯部分圆润，杯口较窄，形状小巧，给人一种结实耐用的印象。

WEDGWOOD DELIGHT Wine

香气显著。直接感受爽口的矿物造层线营的味，直有重的味和风味量风味造型。干辛香料味非常可受以酸味质层出次造型一定的。

Wine Star Classic Red Wine

明确酸味、矿物质味、单宁的存在，质感顺畅，与赤霞珠、梅鹿辄等葡萄酒的平衡性良好。容积较大。

117

1

开瓶器、瓶塞

螺旋开瓶器

软行柄手旋刺动
木塞后，配合作旋
旋开启。螺旋转刺
转刺入进手能够
部动作螺旋自刺
针可以入木塞。

醒酒器

放在醒酒瓶的瓶
口，注入葡萄酒
时醒酒器表面的
亚硫酸盐会溶入
葡萄酒中，引发
出葡萄酒本来的
味道。葡萄酒也
会经由醒酒瓶内
壁缓缓流入。

香槟开瓶器

专门用来开瓶器
启香槟酒的开瓶质
塞器。很有够
感紧。能地夹住
紧地夹住木
塞。

红酒篮

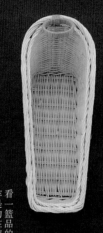

看一篮品
上乍是通。只在淀酒品
子去普但有沉萄的
以一个子尝葡萄发挥巨
酒以发的作用。

LOBMEYR
醒酒瓶

不只在品尝葡萄酒
时，任何时候想要
享受葡萄酒的美味
都需要一个醒酒
瓶。尽管只要能够
使葡萄酒接触到空
气的任何容器都可
以充当醒酒瓶。但
特殊的时刻往往需
要一个特殊的道具
来搭配。

瓶口保鲜膜

团成一团塞
入开瓶口。封住
的葡萄酒瓶的口
不吸水，清
洗后可重复
使用。五张
一组。

彩色香槟瓶塞

颜色醒目。
具有防止漏
气的功能，
非常实用。

Screwpu Ⅱ 开瓶器与切箔
便携套装

螺旋形开瓶
器与切箔刀
的套装组
合。开瓶器
有把手，旋
转时非常方
便，而且可
折叠收纳也很
容易。

开瓶器与切箔刀二合一组合

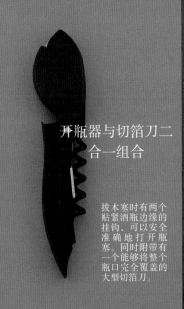

拔木塞时有两个贴紧酒瓶边缘的挂钩，可以安全准确地打开酒瓶。同时附带有一个能够将整个瓶口完全覆盖的大型切箔刀。

企鹅牌 套装组合

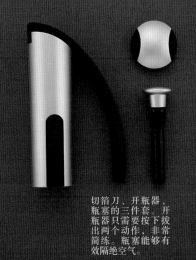

切箔刀、开瓶器、瓶塞的三件套。开瓶只需要按下拔出两个动作，非常简练。瓶塞能够有效隔绝空气。

Screwpu Ⅱ 开瓶器与切箔刀 桌面套装

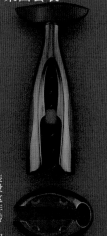

与便携式设计款不同，这套装是非常固定的旋转式。也带有单独的切箔刀开瓶器。

取木塞器

木塞掉入瓶中时，将木塞取出的道具。塞入瓶中后，张开抓手，将木塞取出。

GITANO 开瓶器

不用螺旋针就能够拔出木塞。在不想损伤木塞的情况下可以使用这个。

醒酒瓶塞

只需插在瓶口，在倒酒时就可以醒酒。中空的部分可以让空葡萄酒与空气接触。

彩色葡萄酒瓶塞

倒酒时能够做到一滴不漏，同时防止杂物和灰尘进入酒瓶。

Screwpu Ⅱ 开瓶器与切箔刀 礼品套装

螺旋针上有涂氟龙特装，拔出瓶塞方便。切箔刀来使用起套装的非常便利。

Tasting Goods

2

管理

Controling Temperature, Preserving Wine etc. ▼▼▼

记号笔

彩色铅笔两件套，可以直接在瓶身和玻璃杯表面做标记。

卡片形温度计

可以贴在酒瓶上，显示葡萄酒的温度。携带起来非常方便。

彩色标签

对酒的种类的标签，共有9个品名。多个葡萄品种进行品尝的时候，用来标记葡萄酒中类的标签。

真空塞

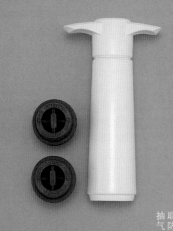

抽取瓶内空气防止氧化的气泵与瓶塞套装组合。

香槟瓶塞 DX

起塞气泵的压力可以向泡酒瓶上方的空气，防止碳酸流入止失。

真空塞

为了保证葡萄酒的新鲜度，用来抽取瓶内空气的气泵和瓶塞套装组合。根据气泵的位置可以看出瓶中还有多少空气，使用起来非常方便。

葡萄酒标签收藏贴

透明面贴在葡萄酒标签上可以将标签内容转印下来。背面有表格可以做记录，还可以用来做成活页的打孔。一套12张。

将温度计插入瓶口，可以准确地测量出葡萄酒的温度。还可以设定19种葡萄酒的适宜饮用温度。

数码温度计

120

防护气体

保存葡萄酒的关键在于防止氧化。向瓶中可以注入气体，可以利用无色无味不容易发生氧化反应的气体来隔绝葡萄酒与空气的接触，防止氧化。

聚会用冰桶

可以一次性多瓶冰镇葡萄酒的大型冰桶。可以放入6~7瓶葡萄酒，适用于大型宴会。

酒杯标记

放置在杯脚处的标记，进行盲品时必不可少的道具。共有6种造型。

葡萄酒标签

挂在葡萄酒瓶口，标记葡萄酒的品牌或年份等信息。塑料制，可以反复使用。一套24张。

香槟冰桶

冰镇后的起泡酒一旦上餐桌很快就会升温，这时候就需要用到香槟冰桶。

水晶温度计

镶嵌在葡萄酒瓶上就会显示出温度，还可以根据葡萄酒的类型显示适宜饮用的温度，非常方便。

气泵与瓶塞套装组

冰镇棒

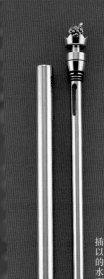

插入葡萄酒瓶中可以保持冰镇葡萄酒的温度，避免冰桶水冷弄湿瓶身。上面有瓶塞，可以直接倒出葡萄酒。

抽取葡萄酒瓶中的空气，防止氧化。瓶塞上的红色拉杆表示瓶内空气是否已经抽空。

意大利产钢笔形葡萄酒温度计

全长18cm的钢笔形温度计，可以迅速地测量出葡萄酒的温度，外壳为铝制。

3

Tasting Goods

Washing, Wiping, etc. ▼▼▼

清洗、擦拭、其他

香槟吸管

银质的香槟吸管。没有树脂异味，还能够完美地传出温度感。2根一组。

葡萄酒商店温度计

测量葡萄熟成时与使用须使用度计。商度直便。湿度要与完美，温度都须使度量温。可以同时测量温度与湿度。湿度适宜这款店，直径95mm，便于观测。

漏斗

醒酒时使用的漏斗。底部有一定角度，可以使葡萄酒沿着醒酒器的边缘缓缓流入。漏斗中还可以放置过滤网。

桌布

Le Vignoble Français

印有法国主要产地的桌布。桌子上铺着这个进行品尝的话，可以更方便地联想到产地与葡萄酒之间的关系。尺寸为720mm×480mm。

除渍剂

Oops! red wine stain remover 100ml

去除葡萄酒污渍的药剂。不小心葡萄酒洒在身上的时候可以使用。不含漂白剂。

废酒桶

试饮葡萄酒用的专用吐酒桶。用来吐出饮酒后有见过的表面液体，盖子里面看不见的可以液体。也防止液体溢出来。

酒杯拎包

在挂放在下面试饮即便饮用装满也可进行试饮。会双手都拿东西，将酒杯拎包加在脖子上，以积极参加行试饮。

醒酒瓶用清洁器

刷子可以自由地弯曲，清洗任何形状的醒酒瓶都很方便。经常在家品尝葡萄酒的人必备。

擦拭布

使用超细纤维制成，只需轻轻擦拭就可以使酒杯光洁如新。尺寸为360mm×820mm，可以一次擦拭大量酒杯。

玻璃酒杯（带锁链）

试饮专用酒杯。在只能使用蜡烛作为照明工具的年代，将葡萄酒倒入这款酒杯，可以利用烛光观察葡萄酒的颜色，古典道具。

香气样本

忠实再现葡萄酒中含有的香气的集合。全套再现54种香气，附带香气的解说卡。

地图彩色铅笔

这是产自普罗旺斯地图的彩色铅笔。试饮时使用这款铅笔做笔记显得很专业。拼接起来。

熟成器三件套

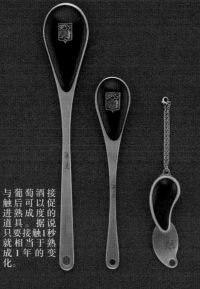

与葡萄酒接触后可以促进熟成度的道具。据说只要接触1秒就相当于1年的熟成变化。

漏斗

使用带滤网的漏斗，可以防止木屑等杂物掉入。醒酒时使用。

迷你废酒杯

小型、单人用的吐酒杯。直径120mm，高145mm，摆放在桌子上不占太大空间。

酒杯百洁布

酒杯清洗时会有油脂，不能用水洗掉，但用酒精清洗残留以难，这时使用百洁布。聚酯成分能够轻松清洗污渍。一套2张。

1

开瓶器&
瓶塞套装组合

2

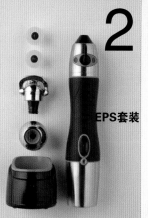

EPS套装

3

香槟搅拌棒

4

EPIVAC
葡萄酒&香槟
保存套装

更好地
享受美酒

香槟周边商品介绍

1　开瓶器是镶嵌入酒瓶和木塞中，将木塞旋转拔出的构造，所以开瓶时的声音很小。此款商品为木箱包装，瓶塞为银质加工，很适合作为馈赠礼品。

2　无线充电式的葡萄酒保存套装。可以通过开关控制抽气或加压。在想要保存葡萄酒时非常方便。红外线灯闪烁表示操作结束。

3　饮用碳酸饮料时用来消除泡沫的搅拌棒，古典道具。

4　气泵可以抽气也可以加压，而且是葡萄酒与香槟两用的类型。葡萄酒用（抽气）瓶塞2个，香槟用（加压）瓶塞1个。还可以单独购买瓶塞。

5　旋转式开瓶器，不需太大的力量就能够轻松打开瓶塞，而且用来开启香槟时瓶塞不会飞出。

香槟开瓶器（银色）

5

提起起泡酒可能大家都觉得难以捉摸。
瓶塞很难拔出，搞不好还可能弄坏。
如果没能马上喝掉，碳酸一下子就跑光了。
在这里我为大家准备了一些起泡酒专用的道具。
有了这些道具，我们就可以轻松地打开瓶塞，并且
更好地保存香槟。

便捷瓶塞 **7**

Goods

6

金属瓶塞

6 将这根金属棒塞进
没喝完的香槟酒
瓶，可以在一定程
度上防止碳酸流
失。过去法国家庭
都会用勺子放在酒
瓶上，这是对传统
方法进行科学分析
后制作的现代版。

7 只需要扣在瓶口就
可以封口的超简单
便捷瓶塞。瓶口部
分是镶嵌式的构
造，密封性能极
佳。开封的时候只
要握住左右两边的
卡口即可。

8 贵宾席的特别服务
节目。开瓶专用的
香槟刀。刀刃长达
27cm，非常适合用
来表演。

9 保存喝剩下的香槟
用的瓶塞。小巧、
轻便、简单。颜色
除了图上的蓝色和
黄色之外，还有灰
色、白色和红色。
收集全部的颜色，
根据当时的情况和
氛围选择合适的瓶
塞也是一种乐趣。

10 防止瓶塞飞出，安
全、简单地打开瓶
塞。只需要夹住瓶
塞的头部，然后握
紧两边的把手即
可。

8

香槟刀（红色）

9

香槟瓶塞

10

香槟开瓶器

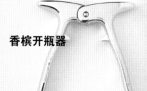

专栏
4

葡萄酒的保存方法

好不容易拿到心仪的葡萄酒，应该如何保管才能够拿到万无一失呢？如果不打算马上开封饮用而是要放置一段时间的话，那就必须注意一些事情。

Point 1

请注意收获的年份（Vintage）

绝大多数的葡萄酒，都会在标签上标注4位数的年份。这表示酿造这款葡萄酒所使用的葡萄是哪一年收获的。即便是同一块土地出产的葡萄，也可能由于收获年份的气候原因而产生很大的差别。天气好的年份葡萄的糖分就高，收获时如果赶上下雨，葡萄的水分就大。

如果不知道具体哪个产地在哪个年份的天气情况，可以参考葡萄酒商店的年份表。在年份表上，按照时间顺序对主要产地的天气情况都进行了大致的评价。尽管评价都是很简单的只言片语，但完全可以帮助你判断葡萄酒的收获年份究竟是一个怎样的情况。

Point 2

葡萄酒有最佳饮用时间

经过熟成的葡萄酒，口感圆润而且非常美味。但并非所有的葡萄酒都适合熟成，如果是不适合熟成的葡萄酒，在熟成后味道反而会变得奇怪。

比如博若莱新酒，最好在发售后一年内饮用。因为新鲜感是这款葡萄酒的生命，经过的时间越长，魅力流失得越多。

号称"沉睡30年"的罗曼尼—康帝，如果是新酒立刻打开饮用，那么只会感觉到非常明显的酸味和涩味，而无法品尝到其真正的美味。

另外，即便是同一品牌的葡萄酒，不同收获年份的适宜饮用时间也不尽相同。在购买葡萄酒的时候，可以向店员确认适宜饮用的时间！

Point 3

客厅的酒柜不适合存放葡萄酒

一咬牙买来的高级葡萄酒，当然要放在最显眼的客厅酒柜里……但实际上，对人类来说舒适的环境，对葡萄酒来说却好像沙漠一样难以生存。强烈的光照和过高的温度，还有干燥的环境，都会对葡萄酒造成伤害。这会导致葡萄酒出现氧化和变质的危险。

过去，人们都将葡萄酒贮藏在地下室。那里不但没有阳光的照射，而且温度也很低，可以有效防止葡萄酒变质。而且在有一定潮湿空气的地下室，还可以防止瓶塞干燥变形，使得空气不会渗透进去。如果想用葡萄酒瓶作为装饰，最好选用喝光之后的空瓶。

Point 4

葡萄酒储藏柜不等于冰柜

虽然长期保管葡萄酒最好的地方一定是地下酒窖，但地下酒窖可不是说有就有的。那么要想获得一个与地下酒窖相同的环境，最好的办法就是购买一个葡萄酒储藏柜。

葡萄酒储藏柜并不是单纯的冰柜，冰柜中严重缺乏潮湿气体，电机与开关门时发出的震动也会对葡萄酒的熟成带来不好的影响。而葡萄酒储藏柜，不但能够控制温度，还可以将震动的影响降到最低，可以说非常接近地下酒窖的环境。

如果没有葡萄酒储藏柜，也可以将葡萄酒放入泡沫盒子中，然后塞入储物箱的最深处，或者北侧玄关的储藏室里，尽可能不要出现温度差。

Point 5

葡萄酒在饮用时也要调整温度

葡萄酒在保存时需要特别注意温度的控制。当终于打开瓶塞开始饮用的时候，也同样需要注意温度。

如果葡萄酒不是最适宜饮用的温度，那么不但闻不到香气，甜味和酸味之间的平衡也会遭到破坏。所以说饮用葡萄酒时候的温度，是享受葡萄酒魅力的关键。

保存时的最佳温度在12~14℃，如果是高品质的白葡萄酒，可以直接拿上餐桌。而甜口的葡萄酒和起泡酒，最好冷却到6℃左右饮用，相反口感厚重的红葡萄酒则应该等待其升温到18℃左右。

不过，当葡萄酒被倒入酒杯之后，温度会上升1℃，还会受到室温的影响。所以在调整温度时要留出2~3℃的浮动空间，使用保温道具也是办法之一。

附录1 / 葡萄酒用语辞典

想要更多地了解葡萄酒知识

词汇表（Glossary）

地质·土壤（Geology and Soil）
栽培（Viticulture）
酿造（Vinification）

尽管不知道葡萄酒的生产过程也一样可以享受葡萄酒的美味，但如果了解一些相关知识的话，在享受葡萄酒时或许会得到更多不一样的乐趣。当然，如果想要找到更美味，更适合自己的葡萄酒，多了解一些知识总归是会有所帮助的。接下来的内容，就是为那些想要学习葡萄酒知识，加深对葡萄酒的理解，更好地充实自己对葡萄酒认识的人所准备的葡萄酒用语辞典。

地质·土壤

【地质】形成地球的地层和岩石等的性质与状态。

【土壤】养育作物的土。

Geology and Soil

【离子】带有正电或负电的原子或原子团。

【离子结合】正离子与负离子在库仑引力的作用下发生的化学结合。

【花岗岩】Granite。火成岩的一种。能够看到粗粒的结晶构造，属于深成岩。含有石英、长石和黑云母。有的说法认为其成因是堆积岩在极端的变质作用下产生的，也有的说法认为是地壳的玄武岩经过二次溶解后产生的。北罗纳和阿尔萨斯的代表性土壤。

【火山岩】火成岩的一种。岩浆喷出地表后冷却凝固形成的岩石。安山岩和玄武岩是其主要代表。

【火山碎块】火山喷发时撒落在地表上的碎片状固体物质。

【火成岩】岩浆深入地下或者喷出地表后冷却凝固形成的岩石。前者由于缓慢冷却，所以矿物质会逐渐晶体析出（深成岩）。后者由于急速冷却，形成细小的结晶和玻璃状物质的集合体（火山岩）。

【岩石】组成地球固体部分的物质。通过火成过程、变质过程、转变过程或沉积过程之一产生。岩石主要分为火成岩、变质岩、沉积岩。岩是地层的一部分，石与地层是分开的。所以岩与石是两种概念，再小的岩也不是石。

【凝灰岩】细小的火山碎块固结而成的岩石。

【基米里支阶】侏罗纪晚期，1亿5500万年前至1亿5200万年前的地质年代。常见于夏布利、卢瓦尔的桑塞尔周边和香槟的奥布地区。最优秀的夏布利的土地，就是基米里支阶时期的泥灰岩土壤。

【Granite】参考"花岗岩"词条。

【珪岩】石英砂岩。

【珪质】指岩石中含有大量石英等游离硅酸成分。

【页岩】Shale。剥离性较强的泥岩质沉积岩。

【原生岩】primary rock。奥地利葡萄酒的地址表现方法，实际上指的是花岗岩、片岩、片麻岩等。

【砂岩】sand stone。受变质作用影响的砂，在碳酸钙和黏土矿物质的作用下固结而成的沉积岩。

【sand stone】参考"砂岩"词条。

【CEC】参考"阳离子交换量"词条。

【Shale】参考"页岩"词条。

【沙砾】用5mm的筛子过筛后仍然有85%以上残留物的沙土。

【silt】直径在0.002～0.02mm之间的小石子被称为泥沙粒，主要由泥沙粒组成的堆积物就是silt。

【水成岩】水中沉积而成的岩石。

【砂】被风化侵蚀分解的岩石（主要为石英和长石），直径在0.02～2mm之间。

【石灰岩】Limestone。沉积而成的碳酸钙岩石。对于欧洲的葡萄田来说是最重要的岩石。常见于三叠纪、侏罗纪和白垩纪的地层中。

【石灰质】含有大量碳酸钙的性质。

【沉积岩】沉积物不断累积，在物理、化学和生物等诸多作用下固结而成的岩石。

【沉积土壤】在风、流水、冰河等作用下，风化侵蚀的岩石被分解、搬运、堆积而成的土壤。这是第四纪生成的新土壤，所以属于海拔较低的平地。赤霞珠、梅鹿辄比较喜欢这类土壤，而黑皮诺、雷司令、桑娇维赛等品种则不喜欢这类土壤。

【大理石】石灰岩再结晶的产物。基本上，完全由方解石（碳酸盐矿物之一）的结晶组成。

【地质】岩石学与层序学所指的某地域的特征。

【白垩】石灰岩的一种。由90%以上的高纯度碳酸钙组成。多孔且柔软。常见于香槟地区。

【泥灰岩】泥灰固结而成的岩石。

【红色石灰土】主要由铁、铝的金属氧化物和黏土组成的土壤，石灰岩的起源。

【土壤】由一层层厚度各异的矿物质成分所组成大自然主体。土壤和母质层的区别表现在于形态、物理特性、化学特性以及矿物学特性等方面。

【白云石化】石灰岩中的方解石变为苦灰石的作用。苦灰石10%以上的石灰岩被称为白云石石灰岩，常见于上阿迪杰的多罗密特山地。

【黏土】0.002mm以下的细微粒子组

成的岩石分解物的集合体。表面积大，空隙率较高，保水性极佳，能形成容易保持养分的肥沃土壤。

【黏土矿物】黏土的主要构成物，予黏土可塑性的细微矿物。

【黏板岩】黏土质岩石组成的板岩，有时与页岩同义。常见于摩泽尔。

【巴柔阶】侏罗纪中期，1亿6600万年前至1亿6100万年前的地质年代，常见于伯恩丘和夜丘斜坡上部。

【腐殖质】有机物在土壤中分解生成的深色无固定形态的高分子物质，作为葡萄树的养分。多存在于土壤表面。

【片岩】schist。具有片理构造（矿物按照固定方向排列，很容易平行分裂的构造）的变质岩。常见于罗第丘。

【片麻岩】gneiss。黑白条纹状（片状）的变质岩。常见于罗第丘、巴罗奥以及澳大利亚西部地区。

【崩积土】斜坡上的岩石风化后滚落到斜坡下方，堆积而成的以碎石为主的土壤。

【波特兰阶】侏罗纪晚期，1亿5万年前至1亿5500万年前的地质年代。常见于夏布利和香槟的奥布地区。

【母岩】形成土壤的岩石。

【primary rock】参考"原生岩"词条。

【泥灰】含有35%~65%碳酸盐物质，剩余部分由黏土组成的堆积物。在葡萄园中，碳酸盐矿物质基本上指的就是碳酸钙，也就是说，是石灰和黏土的混合物。

【蒙脱石】montmorillonite。黏土物质的一种，具有膨胀性。CEC极高，主要存在于膨润土之类的黏土之中。

【阳离子交换量】指土壤胶体所吸附各种阳离子的总量，是测量土壤性质时的重要指标。也被称为CEC。

【Limestone】参考"石灰岩"词条。

【砾】直径2mm以上的石。

【砾岩】conglomerate。由砾组成的岩石。如果砾之间的空隙是由沙填满的被称为沙砾岩，由石灰填满的被称为石灰砾岩。

【黄土】第四纪的细粒风成堆积物。亚洲地区起源于戈壁、鄂尔多斯和塔克拉玛干沙漠。欧洲地区由大陆冰川搬运而来的细粒岩质在极高气压下吹动下飞舞堆积而成。常见于德国、奥地利、阿尔萨斯地区。

【沃土】黏土、silt、沙以适度比例混合而成的土。

栽培

【栽培】种植植物

Viticulture

【yield】参考"收获量"词条。

【INAO】Institut National des Appellations d'Origine的略称。法国国家葡萄酒及烈性酒控制命名管理局。

【VV】Vieille Vigne的略称。法语意思为老藤葡萄酿的葡萄酒。

【Vitis Vinifera】欧洲葡萄。世界上的葡萄酒基本上都是由这种葡萄酿造的。

【Vitis labrusca】美洲葡萄。以康科德为代表，也可以用来酿造葡萄酒。

【Vitis riparia】美洲葡萄。主要作为砧木使用。

【Vitis rupestris】美洲葡萄。主要作为砧木使用。

【Veraison】法语，指给葡萄上色。

【AVA】美国的原产地命名控制制度。

【AxR-1】加利福尼亚大学戴维斯分校推荐的砧木。在加利福尼亚有广泛应用，但因为其不能抵抗葡萄根瘤蚜的侵害，于是在19世纪80—90年代，这些葡萄树又被移种到了土地上。

【AOC】法国的原产地命名控制制度。也称为AC。

【除叶】减少叶片的面积，使葡萄串能够有更加良好的通风。

【Oidium】葡萄白粉病。可以通过撒硫黄粉应对。

【有机农业】不使用化学物质的农业。严格按照认证单位的规定，定期接受检查，并且取得认证的，才可以称为有机农业。

【贵腐葡萄】被贵腐菌侵蚀表面，水蒸发，成分凝缩的葡萄。同时还会生成甘油、葡萄糖酸、乳糖醛酸等物质，拥有独特的风味。贵腐葡萄酿造的葡萄酒被称为贵腐葡萄酒，法国的苏玳（Sauternes）、匈牙利的托卡伊（Tokaji Aszu）、德国的等级TBA（Trockenbeerenauslese）、阿尔萨斯的SeleCcion de Grains Noble都是其中

的代表。

【GreenHarvest】摘除葡萄串的工作，目的在于提高剩余葡萄的品质。在上色期，一般会保留已经上色的葡萄，而摘除还是绿色的葡萄。

【Climat】土地的名字。比如默尔索村的夏尔姆就是Climat。

【Cru】优秀的葡萄田。香槟地区有级别的村子都是Cru。波尔多地区的酒庄，个别的葡萄园也可以被称为Cru。

【Clos】带围栏的葡萄园。也有些曾经有围栏，但目前已经开放的葡萄园，仍然保留了Clos的名称。

【克隆】将拥有优秀特质的单一体从母体中分离出来，通过嫁接使其增殖。在法国经常用编号来称呼增殖体，比如黑皮诺777。像黑皮诺与赤霞珠这样的主要品种，往往有几十种克隆品种。不同的克隆品种味道也不同。一般情况下会使用多种克隆品种来营造味道的复杂性。

【crossing】同种间交配。欧洲葡萄同品种之间的相互交配，在德国很流行。

【Gemischter Satz】混种的土地。也指多个品种同时收获，一起进行酿造，以及用这种方法酿造出来的葡萄酒。也被称为field blend。在葡萄根瘤蚜出现之前很多葡萄园都采用混种的方法。现在奥地利的维也纳、阿尔萨斯、美国加利福尼亚等地也仍然在使用这种方法。

【原产地命名控制制度】国家对农产品原产地命名的保护制度。对生产地区、品种、栽培方法、收获量、酿造、熟成方法、酒精度数等都有严格的定义。

【混种】将多个品种同时种植在一块土地中，不是分区域种植，而是全都交叉种植在一起。

【可持续发展农业】不仅追求生产性，而同时注意土壤生态系统和环境保护的农业。

【自根葡萄】没有嫁接的葡萄藤。

【收获量】yield。每单位面积收获的葡萄重量或者葡萄果汁的容量。意大利与美国以葡萄重量表示，法国以葡萄果汁容量表示。收获量太高会影响葡萄酒的品质。AOC法规和DOC法规都规定了最大收获量。

【熟枝】当年长出的枝杈，经过1年的生长后木质化的产物。

【树龄】葡萄树的年龄。树龄越高葡萄树的收获量越低，酿造出的葡萄酒味道越复杂。通常情况下，树龄达到60年就要重新种植。

【栽培密度】每单位面积种植的葡萄树数量。波尔多左岸和勃艮第是1ha1万棵。基本上来说，密度高的葡萄树之间竞争较为激烈，能够产生出适度的压力。树根由于无法横向发展，只能向地下延伸，有助于提高葡萄的品质。曾经有一阶段生产者重视生产性而降低了葡萄树的密度，但最近又开始回归了高密度的种植模式。但由于土壤肥沃程度、保水性、树势等因素的影响，最佳的密度也是各不相同的。

【新梢】春季长出的能够结出果实的枝杈。

【整枝】将剪枝后残留的熟梢，修整成需要的形状。各个生产地区都有自己传统的整枝方法，比如不使用支柱的格布莱法，用铁丝沿着树梢固定的古约法，将葡萄树干水平展开的科尔顿法就是其中的代表。格布莱常见于博若莱，古约常见于波尔多，科尔顿则常见于香槟地区。

【预计温度】4月1日至10月31日的平均温度（华氏）减去华氏50度，再乘以214得出的温度。

【cépage】品种。

【施肥】向土地施加肥料。

【Selection Massal】在自己种植的葡萄园中挑选具有优秀特质的品种，集中增殖的方法。这种方法能够在保证

独特葡萄群个性的同时，提高整体品质。不喜欢使用克隆方法的生产者，经常会选择这种方法。另外，维欧尼、雷司令等在法国只有一种克隆品种的葡萄，要想增添其复杂性，也只能采用这种方法。

【剪枝】减除葡萄枝和多余部分的工作。分为冬季剪枝和夏季剪枝。冬季剪枝的目的在于为明年秋天收获时选择成长为新梢的芽。通过剪枝基本上可以确定来年的收获量。如果不进行剪枝的话，葡萄树会变得非常巨大，来年的收获量将膨胀数倍。为了将来能够获得稳定的收获量，这是一项需要长期坚持的非常重要的工作。夏季剪枝的目的在于限制葡萄生长，调整叶片密度，调整收获量，控制糖度等品质调整。

【砧木】嫁接时作为根的部分。一般会选择具有葡萄根瘤蚜抗性的葡萄。分为Riparia、420A、5BB、SO4、161-49、110R、1103P、3309C、101-14等种类。不同的砧木分别具有葡萄根瘤蚜抗性、穗木树势、嫁接耐受性、耐寒性、耐旱性、石灰抗性、收获量、成熟期、品质等优势，所以砧木的选择是非常重要的。

【嫁接】为了应对葡萄根瘤蚜的侵害，将欧洲葡萄的穗木嫁接在美洲葡萄的砧木上。俄勒冈、澳大利亚、智利等地，有很多不进行嫁接的葡萄。而欧洲不进行嫁接的葡萄非常珍贵。目前普遍认为不管是否进行嫁接，葡萄本身的遗传因子都不会发生改变，味道也完全相同，但也有一部分人认

为嫁接后的葡萄品质会有所下降。嫁接的好处主要在于，可以根据栽培土壤的特性选择合适的砧木，从而提高葡萄的品质。

【DO】西班牙的原产地命名控制制度。

【DOC】葡萄牙的原产地命名控制制度。意大利的原产地命名控制制度有时候也被称为DOC，但内容并不相同。

【DOCG】意大利的原产地命名控制制度，比DOC位置更高。

【Degree-day System】加利福尼亚大学戴维斯分校的两位教授开发的气候分类系统。以预计温度为基础，分为1~5类。

【摘芯】为了使养分进入葡萄果实，摘除葡萄树新梢尖端的方法。

【土壤pH】土壤的pH。土壤中的酸碱含量会影响植物根部酵素的活动，还会影响土壤中矿物质的化学反应和微生物的活动。这会对葡萄酒的味道产生影响。不同的植物适宜的土壤pH也不同，比如水稻和茶喜欢酸性土壤，小麦和葡萄喜欢中性或碱性土壤。火山性土壤属于酸性，石灰质土壤属于碱性。另外降雨量大的话，土壤也容易变成酸性。

【hybrid】异种间交配。比如贝利麝香A就是美洲葡萄与欧洲葡萄杂交的产物，许多日本的葡萄都是异种间交配诞生的。

【PLC】法国葡萄酒收获量的级别极限值。每年基本收获量的增加部分。由栽培者提出申请，INAP负责审批。

【自然动力法】鲁道夫·斯坦纳提出的农业方法。着眼于星星、月亮与地球之间的关系，从整体的视角来进行农业种植。不仅完全不使用化学物质，还强调利用土壤与植物本身的能量。最近，采用这种农业方法的生产者越来越多。

【葡萄根瘤蚜】原产于北美的一种小昆虫，会依附在葡萄树的根部吸食树液，导致葡萄树干枯的害虫。19世纪末期在欧洲蔓延，造成大面积葡萄园毁灭。因为美洲葡萄能够形成瘤状愈合组织堵住虫孔，所以欧洲葡萄广泛采用以美洲葡萄为砧木的方法来进行应对。

【微气候】单个区域特殊的气候差异。

【霉菌病】由霉菌引起的葡萄病害。可以使用硫酸铜和生石灰水溶液应对。

【monopole】独立园。单一所有者拥有整片土地。

【Lieu-dit】土地的区划名称。比如尔索村的Climat·夏尔姆，就是由Lieu-dit夏尔姆·多修和Lieu-dit·尔姆·多斯组成的。尤其在面对勃第葡萄酒的时候，更需要注意Lieu-的区别。

【少农药农业】不过分使用农药，代葡萄栽培的主流。

【Lenz Moser system】为了应对第一世界大战之后人口减少的问题，奥利人Lenz Moser提出的使用拖拉机高劳动生产率的方法。增加田间距和树木高度。

酿造

【酿造】利用发酵作用生产酒。

Vinification

【Assemblage】将不同土地或者不同品种的葡萄酒混合在一起。波尔多与香槟地区普遍的做法。

【压榨】通过压力将葡萄中的果汁压出。白葡萄酒在发酵前需要缓慢压榨，红葡萄酒在发酵后进行短时间压榨。进行压榨的机械被称为press，分为垂直型、水平型和气压式。由于这几种压榨机各有利弊，因此在何种情况应该使用何种压榨机完全依靠生产者的判断。

【亚硫酸】参考"二氧化硫"词条。

【酒精发酵】在酵母的作用下葡萄中含有的糖分转变为酒精和二氧化碳的过程。

【albumen】用来清澈液体的蛋白成分。去除褐变物质。

【unoaked】不使用橡木桶。澳大利亚的霞多丽常用这种方法。

【花青素】黑葡萄和红葡萄酒中所含的色素成分。

【ouillage】补酒。木桶熟成时补充减少的葡萄酒。防止氧化。

【浸出成分】葡萄酒蒸馏后残留的成分。无机盐与残留糖分等非挥发性的物质。

【SO₂】参考"二氧化硫"词条。

【MLF】Malolactic Fermentation，苹果酸乳酸发酵。在乳酸菌的作用下，将苹果酸变为图氨酸和二氧化碳的过程。

【熟成管理】葡萄酒从酿造到出厂之间的管理。

【真空蒸馏法】在真空状态下20℃蒸发葡萄酒的水分，使之浓缩的技术。1989年发明，20世纪90年代大受欢迎，因为其成本较低，所以被众多小规模生产者所采用。

【酵母溶解】酵母通过自身的溶解在葡萄酒中释放出酵母成分。

【Oxo Line Racks】Oxo Line公司开发的一种堆积木桶的支架。在堆积木桶的地方带有一个滚筒，便于进行换桶

的工作。最近开始流行。利用这个滚筒还可以进行搅桶的工作。红葡萄酒进行木桶发酵时也可以通过旋转来进行浸渍。

【沉淀】酵母、细菌、胶质以及其他的固形物在容器底部的堆积。

【果帽】红葡萄酒发酵过程中漂浮在表面之上的固形物层。

【还原】从氧化物中取出氧元素。

【既得酒精】葡萄酒中实际含有的酒精。

【挥发酸】醋酸系的脂肪酸。

【Cuvaison】酿造过程。从发酵到浸渍直到最后的提取。

【酵母】引发酒精发酵的单细胞生物。依附在葡萄果皮上的是野生酵母，根据使用目的专门培养的是培养酵母。前者比后者更适于酿造复杂的葡萄酒，但同时也可能出现腐败、发酵停止、气味怪异等风险。

【氧化】物质与氧气发生的化合反应。

【酸度】总酸度，总酸量。葡萄酒中所含有的酸的量。可以用酒石酸换算表示，也可以用硫酸换算表示，日本为前者，法国则普遍采用后者。换算方式，硫酸换算的酸度=酒石酸换算的酸度×49÷（译者注：此处应为除号）75。

【chez】木桶熟成库。特指波尔多的仓库。

【谢尔曼法】桶内二次发酵酿造起泡酒的方法。可以廉价且大量地生产起泡酒。

【香槟法】在瓶内二次发酵酿造起泡酒的方法。

【重合化】多个分子连接。单宁在氧气的作用下发生重合化，口感会变得更加柔顺。

【Sur Lie】让葡萄酒停留在沉淀上。可以增加葡萄酒的风味，防止氧化。本来是白葡萄酒常用的酿造方法，最近也开始应用在红葡萄酒的酿造上。

也就是不进行换桶清除沉淀物的木桶熟成方法。Sur Lie可以防止氧化，但有时候也会导致氧气不足，散发出难闻的气味，这时可以通过搅桶来补充氧气。

【除梗】摘除果梗的工作。除梗后的葡萄酿造出来的葡萄酒口感更加柔和，具有很浓的水果味。特别对于黑皮诺来说，是否进行除梗的影响很大。如果不除梗，早期单宁味会很强，能够感觉到果梗带来的植物风味，但经过熟成后就会产生出非常复杂的味道。

【换桶】为了清除沉淀物，将沉淀物上方清澈的葡萄酒转移到别的容器中。

【浸皮】葡萄破碎后，将果皮与果汁放在木桶中几小时至2天的时间，然后再进行压榨。可以使葡萄品种的固有风味溶入葡萄酒之中。

【stave】木桶侧面的板子。

【清澄】添加清澈成分使悬浊的粒子沉淀在容器底部，令葡萄酒变得清澈且稳定。

【Saignee】常见于红葡萄酒尤其是黑皮诺酿造中的方法。将经过低温果皮浸渍的果汁，在酒精发酵前从容器中抽出。这样可以提高残留果皮/果汁的比率，酿造出更加强劲的葡萄酒。将抽取出的液体继续发酵，还可以酿造出玫红葡萄酒。

【潜在酒精】糖分发酵后产生的酒精。

【总酒精】既得酒精与潜在酒精的总和。

【木桶】木质的发酵与熟成容器。一般情况下会使用橡木，也有使用金合欢木与栗木的。橡木分为美国橡木、法国橡木、斯洛文尼亚橡木等，以出产国的名字加以区分，各自拥有不同的个性。法国橡木还细分为艾利、特伦赛、孚日等以出产地区命名的种类。波尔多地区使用的225L的橡木桶

被称为Barrique，勃艮第使用的228L的橡木桶被称为Tonneau。

【单宁】葡萄的子和果皮中所含的收涩性（使口中感到干涩）物质。构成葡萄酒风味的一部分，也具有使葡萄酒长期保存的功效。木桶中同样含有单宁成分。

【TCA】三氯乙酸，造成木塞异味的原因之一。近年来最大的问题。不仅木塞，在葡萄酒经销商所使用的木质建材中也检测出了这种物质。这会对熟成中的葡萄酒造成污染，损失严重。针对木塞的污染，可以通过严格筛选或者改用金属瓶盖来避免。针对经销商的木质建材污染，可以通过避免选用木质建材或者对木质建材进行特殊处理的方法。一旦遭受污染，必须进行改建。另外，家庭环境中也可能存在TCA，所以在保存葡萄酒的时候必须注意。

【低温浸渍】将黑葡萄在低温状态下放置在容器中浸渍几天至2周的时间。由于没有进行发酵，因此不能提取单宁，但可以提取出色素和风味成分。经过这一步骤的葡萄酒色泽更浓，水果味更强，更容易被现代的消费者所接受，因此20世纪90年代之后勃艮第的生产者普遍采用这种方法。

【Débourbage】低温沉降。将白葡萄的果汁在容器中低温静置半天至2天，使不纯物沉淀。沉降过度的葡萄酒可能会失去强劲和复杂性，所以少数生产者也不采用这种技术。

【糖度】葡萄中的含糖量。也以潜在酒精的形式表现。

【二氧化硫】亚硫酸、SO_2。硫黄在空气中燃烧后释放出的刺激性气体。能够阻碍酵母、乳酸菌和腐败菌的成长，防止果汁和葡萄酒的氧化，几乎所有的葡萄酒中都有应用。大量摄入有害人体健康，但饮用葡萄酒程度的摄取量没有问题。不过对二氧化硫过敏的人，少量摄取也可能出现头痛等症状。最近由于温度控制和卫生管理的技术水平得到了提高，二氧化硫的使用量已经大量减少。另外，不喜欢在葡萄酒中使用添加物的生产者，也不会使用二氧化硫来帮助酿造，最近这样的葡萄酒也逐渐增加。不过由于酵母本身会产生少量的二氧化硫，所以即便是无添加二氧化硫，并不等于完全不含有二氧化硫。添加二氧化硫的方法有两种，一种是使用金属气泵装填液化亚硫酸吹出气体，还有一种

是添加亚硫酸钙水溶液。

【Hyperoxidation】在发酵前的白葡萄果汁中加入氧气，使导致葡萄酒发生褐变的苯酚化合物一开始就氧化的技术。褐色化的色素在葡萄酒酿造中会发生沉淀，反而使葡萄酒的颜色更加漂亮。

【破碎】打破葡萄果皮，使果汁更容易流出的工序。

【Passerillage】使葡萄干燥，糖分浓缩。制造甜口葡萄酒的方法。

【搅桶】将葡萄酒中的沉淀物搅拌。勃艮第白葡萄酒的传统技术，最近其他白葡萄酒和红葡萄酒也开始应用。能够使葡萄酒的风味更加丰满。

【Bulk Wine】熟成后不装瓶，直接放在桶中销售的葡萄酒。作为工业大量生产品的原料，曾经普遍存在于西西里南部的产地。另外，专门生产高级产品的生产者，也会将不符合品质基准的葡萄酒以这种形式销售给其他的生产者。

【Pigeage】人工踩皮。将果帽沉入葡萄液之中。可以利用脚、手、木棒、机械等工具。

【fermentor】培养装置。

【苯酚化合物】拥有1个或多个苯酚基的化合物。葡萄酒的单宁和色素。

【Free run】不进行压榨就能够自然流出的果汁或葡萄酒。破碎后的葡萄中流出的果汁酸度高，品质上乘。

【Press wine】发酵结束后，压榨果皮提取出的葡萄酒。通常情况下会占总体比例的百分之十以下，用于增加葡萄酒的骨骼和复杂性。

【Brettanomyces】酒香酵母。酒精发酵的酵母之一，葡萄酒中含有少量就可以增添复杂性，但如果这种酵母过多，会散发出强烈的马棚、动物汗腺、皮革、焦油等难闻的气味，并且增加葡萄酒的挥发性，影响葡萄酒的品质。在温暖的产地、卫生条件不佳的生产者、使用传统方法特别是不添加二氧化硫的葡萄酒中很常见。

【pH】含有氢原子浓度的尺度。葡萄酒的pH为3.0~3.8。酸度越低pH越高，一般来说，白葡萄酒的pH较低。

【膨润土】以蒙脱石为主要成分的黏土，常被作为清澈剂使用。能够去除蛋白质。

【Whole cluster fermentation】将整个葡萄串进行发酵。比如博若莱。

【Whole bunch press】将整个葡萄串进行压榨。可以在不破坏口感较苦的

子的状态下压榨出果汁。

【Whole berry fermentation】除梗后不破碎直接发酵。能够更好地引出水果味。

【补酸】酿造中添加酒石酸（有时也使用苹果酸或柠檬酸），提高酸度。如果酸量少，葡萄酒会发生褐变，微生物也会不稳定。常见于炎热的年份和炎热产区的葡萄酒。

【补糖】在葡萄果汁中添加糖，提高酒精浓度。凉爽产地的普遍做法，但德国与奥地利的高级葡萄酒禁止使用这种方法。补糖过多会使葡萄酒的酒精度变高，最近由于全球气候变暖，以及提高葡萄成熟度的技术得到了提高，进行补糖时基本都在酒精度1度以下。不进行补糖的生产者也越来越多。

【marc】葡萄的榨渣以及随后制作的蒸馏酒。

【must】作为葡萄酒原料的葡萄果汁（白葡萄酒），葡萄果汁、果皮、子（红葡萄酒）。

【浸渍】葡萄果汁与果皮和子接触，提取成分。

【碳酸浸渍】将葡萄直接放入充满碳酸的密封容器之中，在葡萄酵素的作用下使葡萄内部发酵。常见于博若莱。

【微量氧化】准确控制葡萄酒与氧气接触量的酿造技术。能够得到柔和的单宁与稳定的色素。1990年问世以来，这一方法迅速传遍整个世界。

【逆渗透】在葡萄酒和水之间隔起一层只能允许水分子通过，其他分子量较大的分子（比如酒精）无法通过的塑料薄膜，然后在葡萄酒一侧加压，使葡萄酒之中的水分渗透过去的方法。可以使用这种机械来使葡萄酒更加浓缩。如果收获期赶上降雨的话，可以使用这种机械来使葡萄酒的浓缩度达到正常水平。20世纪90年代很受欢迎。在波尔多很常见。

【机械循环】利用水泵从底部抽取果汁，循环到上方从果帽上重新注入容器之中的方法。

【rotary tank】能够在容器内旋转提取的类型。因为能够快速提取出有效成分，因此一般情况下都在工业大量生产中使用，最近已经很少见。

【过滤】为了去除固形物和漂浮物，将葡萄酒通过滤网的过程。

The Basics of Wine

Champagne & Sparkling Wines

Mini Book

附录2 / 香槟与 起泡酒迷你手册

稍微了解一点就会增添不少美
味和乐趣。
综合整理了香槟与其他起泡酒
相关的一些知识。

香槟的基础知识

关于香槟共有6项基础知识。只要掌握了这些,就能够变成一个香槟通!

Point 1

香槟的产地

香槟地区位于法国东北部,距离巴黎160千米的地区,在法国葡萄酒产地中算是最北端。平均气温10℃,属于寒冷气候,白垩纪土壤,这一地区栽培出来的葡萄,即便完全成熟后仍然能够保持较高的酸度。只有使用当地出产的葡萄,严格按照法律规定的酿造方法生产的葡萄酒才能够被冠以"香槟"的名字。几个特级的村子都集中在主要产地兰斯山、马恩河谷、白丘之中。

Point 2

分级制度

香槟的分级制度是按照全村葡萄价格的百分比来表示的,100%的村子属于特级,共有17个村子被认定为特级。不过这种以分级制度定价的方法阻碍自由竞争,因此EU在1999年废除了这种定价方法。不过由于很多生产者认为分级制度本身作为品质基准是正确的,所以目前香槟地区还需要一套类似于其他地区的完善的分级制度。

Point 3

什么是NM和RM?

每当提起香槟的时候,我们总会看到这些缩写,实际上这些字母缩写表示的是生产者的业态。从栽培葡萄的农户手中购买葡萄进行制造的生产者"NM: Negociant Manipulant"是香槟地区最常见的一种。"RM: Recoltant Manipulant"则是从栽培到生产一条龙进行的生产者。由于其必须使用自己栽培的葡萄,所以一般来说生产规模都比较小。其他还有合作组合的制造公司"CM: Coorperative de Manipulation"以及由相应的公司负责从摘葡萄到酿制完成"SR: Societe de Recoltant"。这些缩写都会标注在酒标上。

NM: Négociant Manipulant/Moët et Chandon ▶▶

CHAMPAGNE
MOËT & CHANDON
BRUT IMPÉRIAL ☆
NM-

RM: Récoltant Manipulant/Jacques Selosse ▶▶

CHAMPAGNE
SUBSTANCE
JACQUES SELOSSE
RM-

CM: Coopérative de Manipulation/Mailly Grand Cru ▶▶

MAILLY
GRAND CRU
CM

SR: Societé de Récoltant/André Clouet ▶▶

SR-

Point 4

Non Vintage、Vintage、Prestige

香槟地区属于寒冷地带，因此其每年的品质差异极大。为了稳定品质，香槟地区经常将各个年度的各个品种，以及产地内所有土地收获的葡萄一起进行混酿，一般上面都不标记收获年份。这种葡萄酒被称为"Non Vintage Champagne（N.V.）"。与之相对的，使用某个特定年份的原酒，突出该年度特性的商品被称为"Vintage Champagne"。而各个生产者突出自身个性和品质的葡萄酒被称为"Prestige Champagne"，这一品种绝大多数都是年份酒，但也有将多个年份的原酒混合在一起的葡萄酒。

Point 5

主要品种

香槟可以使用的葡萄品种有8种，但主要品种只有霞多丽、黑皮诺、莫尼耶皮诺这3种。一般的香槟，都是用黑葡萄的黑皮诺和莫尼耶皮诺，与白葡萄的霞多丽生产出无色的果汁作为原酒进行混酿，但也有单独使用霞多丽的"白中白"和使用黑皮诺与莫尼耶皮诺的"白中黑"。顺便说一句，另外5种被认可的葡萄品种分别是"Arbanne""Petit Meslier""Fromonteau""Enfume""Piont Blanc"。

Point 6

辣口与甜口

香槟的甜辣，是由生产香槟的最后一道工序补酒时，添加的利口酒中含有的糖分所决定的。辣口的Brut最为普遍，其他可以参考下表。

甜辣的类型与糖度

类型	糖度
Brut Nature	3g/L以下
Extra Brut	0~6g/L
Brut	15g/L以下
Extra Dry	12~20g/L
Sec	17~35g/L
Demi-sec	33~50g/L
Doux	50g/L以上

Prestige ▼ · Vintage ▼ · Non Vintage ▼

1	Lanson Black Label	
2	Taittinger Nocturne	
3	Veuve Clicquot Ponsardin White Label	

Blanc de Noirs ▼ · Blanc de Blancs ▼

1	Billecart-Salmon
2	Egly-Ouriet

Demi-sec ▼ · Sec ▼ · Brut ▼

1	Pommery Brut Royal
2	Pommery Brut Millésime
3	Pommery Cuvée Louise

法国与意大利的精品起泡酒

Alsace (a)	Bourgogne (b)	Loire (c)	Languedoc (d)
Cremant d'Alsace	**Cremant de Bourgogne**	**Cremant de Loire**	**Blanquette de Limoux**
阿尔萨斯地区从19世纪就开始生产起泡酒，但直到1976年才得到"Cremant d'Alsace"的AOC认可。认可品种共有6种，但绝大多数都是以白皮诺和欧塞瓦为主，而香气浓郁，阿尔萨斯最著名的琼瑶浆和麝香葡萄则没有得到认可。	"Cremant de Bourgogne"的主要产地位于勃艮第南部的生产地区，夏隆内丘的留利以及夏布利北部的奥塞罗瓦，而出产优秀葡萄酒的夜丘和伯恩丘的产量则非常少。	在Cremant之中收获量限制最为严格，品质评价最高的就是"Cremant de Loire"。1975年获得AOC认可，产地以萨姆尔为中心，包括周围广阔的地区。	根据史料记载，本笃会的修道士早在1531年就在利穆酿造辣口的起泡酒。当地得到AOC认可的起泡酒共有3种，其中产量最大的就是"Blanquette de Limoux"。虽然位于法国南部，但由于利穆的海拔较高，导致其主要品种莫札克成熟较晚，因此能够保持起泡酒必不可少的自然酸味。

- Alsace（a）：●使用品种/雷司令、白皮诺、黑皮诺、灰皮诺、欧塞瓦、霞多丽 ●最低熟成期间/9个月 ●气压/4个大气压
- Bourgogne（b）：●使用品种/黑皮诺、灰皮诺、白皮诺、霞多丽 ●使用品种/佳美（最多20%）、阿里高特、麦笼、莎西 ●最低熟成期间/9个月 ●气压/3.5个大气压
- Loire（c）：●主要品种/白诗南、品丽珠、赤霞珠、黑诗南、黑皮诺、霞多丽、麦都皮诺（主要品种最低含量也在70%以上）●辅助品种/黑果若、灰果若 ●最低熟成期间/9个月 ●气压/3.5个大气压
- Languedoc（d）：●使用品种/莫札克、霞多丽、白诗南 ●最低熟成期间/9个月 ●气压/3.5个大气压

Cremant d'Alsace Methode Traditionnelle Brut Reserve N.V. Pierre Sparr

淡淡的金黄色。完全成熟的柑橘、柑橘皮、蜂蜜等华丽的香气，果实味和厚重。葡萄为45%白皮诺、40%欧塞瓦、10%黑皮诺，瓶内二次发酵。

Cremant d'Alsace Methode Traditionnelle Brut Reserve N.V. Pierre Sparr

Cremant de Bourgogne Blanc Tastevinages Cave de Bailly

明亮的金黄色。有青苹果的简单而轻快的香气。新鲜的酸味余韵悠长，能够增进食欲。葡萄为90%黑皮诺、瓶内二次发酵。瓶内熟成18个月。

Cremant de Bourgogne Blanc Tastevinages Cave de Bailly

Cremant de Loire Carte Turquoise Blanc Brut N.V. Domaine des Baumard

淡淡的金黄色。酸橙、苹果等新鲜高雅的香气，口感泼辣、统一性强，味道十分明确。非常适合佐餐饮用。葡萄为白诗南和品丽珠。

Cremant de Loire Carte Turquoise Blanc Brut N.V. Domaine des Baumard

Blanquette de Limoux Prestige N.V. Domaine Collin

淡淡的金黄色。桃、花粉、吐司等丰满柔软的香味。新鲜且饱满、口感厚重。经过冰镇后作为野餐佐酒。使用葡萄为白诗南和霞多丽。

Blanquette de Limoux Prestige N.V. Domaine Collin

Cremant d'Alsace N.V. Domaine Mittnacht

成熟的苹果、黄桃、蜂蜜、香辛料等强劲的香气，味道饱满。餐中酒。使用欧塞瓦、白皮诺、雷司令、霞多丽酿造。1999年开始采用自然农法。

Cremant d'Alsace N.V. Domaine Mittnacht

Cremant de Bourgogne Blanc de Blancs N.V. Lou Dumont

只使用伯恩丘的霞多丽。具有成熟柠檬和苹果的纯净的香气，成熟而爽快的香与酸味之间的极平衡性极佳。

Cremant de Bourgogne Blanc de Blancs N.V. Lou Dumont

Cremant de Loire Brut N.V. Langlois-Chateau

带点绿色的明黄色，非常具有白诗南的风范。具有白花、蜂蜜、白桃等纤细且甘甜的香气，酸味清爽柔顺，整体感觉十分柔和。1855年创业，1973年并入首席法兰西香槟旗下。

Cremant de Loire Brut N.V. Langlois-Chateau

Blanquette de Limoux Cuvee Jean Philippe N.V. Domaine Rosier

具有黄桃和干杜果的饱满甜味。舌尖触感柔软黏稠。回味有杏、栗子和吐司的香气。使用葡萄为莫札克与霞多丽。

Blanquette de Limoux Cuvee Jean Philippe N.V. Domaine Rosier

为大家介绍香槟地区之外的法国以及意大利的精品起泡酒代表商品。

喜欢起泡酒的话一定要试一试"Petillant"！

法国的起泡酒还有一种叫作"Petillant"。这是一种气压在2.5个大气压的微量起泡酒，最近在日本的法式餐厅中开始出现。这种酒不但可以在餐中饮用，作为餐前酒或者下午小酌一杯也很适宜。照片是卢瓦尔著名生产者生产的100%白诗南酿造的Petillant，微微的甜味与新鲜的酸味之间的平衡非常完美。

Vouvray Petillant Domaine Huet

与料理的搭配

在品尝美酒的时候如果肚子饿了怎么办？来点照片上的勃艮第名产"gougere"如何？吃起来就好像奶酪味的泡芙。

制作方法：在锅中加入黄油和水烧至沸腾，然后加入低筋面粉，接着将混合物放入碗中再加入鸡蛋，最后加入软奶酪与硬奶酪，揉成适当大小的球形放入烤箱加热即可。

Lombardia 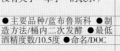 a	Veneto b	Emilia-Romagna c	Piemonte d
Franciacorta伦巴第大区	**Prosecco威内托大区**	**Lambrusco Reggiano 艾米利亚—罗马涅大区**	**Moscato d'Asti皮埃蒙特大区**
Franciacorta在中世纪存在许多修道院。这里生产的Spumante是意大利唯一必须在瓶内进行二次发酵的起泡酒，看得出这些生产者是以香槟为目标的。与其他产地的Spumante相比，这里整体的熟成感和厚重更加明显。	意大利人有喝餐前酒的习惯，而口感清新，水果味十足的Prosecco对意大利人来说就是餐前酒的代名词。新鲜的口感与香氛是其最大的卖点，因此购买后应该尽快喝完。	当地消费的绝大多数都是甜口，出口用的都是中甜口。但这次为大家介绍的则是Reggiano当地生产的，具有单宁成分，适合佐餐饮用的辣口Lambrusco。（口味表上没有关于"单宁"的表示）	浓缩的麝香香气独具魅力。利用冷却强制停止一次发酵，留下1/3的糖分，然后进行二次发酵的方法是其最大的特征。规定的二次发酵时间为1个月。另外由于其气压在1.7个大气压以下，因此可以使用普通的木塞。
●认定品种/霞多丽、黑皮诺、白皮诺 ●制造方法/瓶内二次发酵 ●最低瓶内熟成时间/18个月 ●最低酒精度数/11.5度 ●命名/DOCG	●主要品种/歌蕾拉（85%以上）●辅助品种/维蒂索、阿尔罗拉、佩雷拉 ●制造方法/桶内二次发酵 ●最低酒精度数/11度 ●命名/DOC	●主要品种/蓝布鲁斯科 ●制造方法/桶内二次发酵 ●最低酒精度数/10.5度 ●命名/DOC	●认定品种/白莫斯卡托 ●制造方法/桶内二次发酵 ●最低酒精度数/4.5~6.5度（算上残糖度的话在11度以上）●命名/DOCG
Franciacorta Cuvee Brut N.V. Bellavista 	**Prosecco Conegliano Valdobbiadene Brut N.V. Bellenda** 	**Lambrusco Reggiano Rosso Venturini Baldini** 	**Moscato d'Asti "Vigna Senza Nome" Braida** 
明亮的金黄色。苹果、杏、柑橘、面包等非常新鲜的香气。果实味饱满，酸味清爽。霞多丽80%、白皮诺+黑皮诺20%。瓶内二次发酵。	淡淡的金黄色。新鲜苹果、梨、加上些许烟熏的香气，营造出纤细轻盈的辣口。冷藏后非常适宜作为餐前酒饮用。用于调配鸡尾酒味道也不错。食用葡萄为100%的歌蕾拉。	菫菜、黑樱桃、香辛料、熟皮革的香味，口感饱满、高雅，平衡性好，有透明感。Lambrusco是少有的完全使用自家土地生产的葡萄（有机栽培）进行酿造的生产者。	华丽的麝香、白甜瓜和酸橘的新鲜香气。除了甜味还能够感觉到葡萄的充实感，平衡性极佳的葡萄酒。创业者夏科莫·博洛尼亚已故，目前由他的子孙后代继承。
Franciacorta Brut N V Ca' del Bosco 	**Prosecco di Conegliano N.V. Carpene Malvolti** 	**Concerto Lambrusco Reggiano Secco Medichi Ermete** 	**Moscato d'Asti "Bricoo Quaglic" La spinetta**
浓重的金黄色。白桃、香辛料等复杂的香味，口味厚重、饱满、柔和、平衡感极佳。霞多丽80%、白皮诺10%、黑皮诺10%，瓶内二次发酵。	淡淡的金黄色。成熟的苹果香气十分华丽，酸味非常新鲜，兼具其顺的水果味，是一款平衡性极佳的葡萄酒。食用葡萄为100%的歌蕾拉。酿造厂创建于1868年。	樱桃、蓝莓果酱、香草等水果香气，柔和口感。单宁的紧致度刚刚好。由于是家族经营的酿造厂，所以只是使用自家土地出产的蓝布鲁斯科。	香气虽然并不十分华丽，但具有茉莉、麝香、蜂蜜的气味，慕斯状的泡沫口感十分柔顺。意大利北部巴尔巴雷斯科村的酿造厂出产，"Bricoo Quaglic"是其葡萄田的名字。

No.2／法国与意大利的精品起泡酒

Champagne & Sparkling Wines

与料理的搭配

意大利的葡萄品种与食材都多种多样，寻找与Spumante搭配的料理也是一件乐事。

Franciacorta 哥瑞纳—帕达诺奶酪&干酪	**Prosecco** 腌制沙丁鱼	**Lambrusco Reggiano** 摩泰台拉香肚&萨拉米香肠	**Moscato d'Asti** 意式奶油布丁
与海鲜和白身鱼甚至寿司都可以完美搭配的Franciacorta伦巴第大区出产的奶酪和干酪都能够很好地搭配。 	威内托大区的传统料理之一，腌制沙丁鱼。将油炸后的沙丁鱼用洋葱、橄榄油、醋（也可以放白葡萄酒）进行腌制。	艾米利亚—罗马涅大区是生火腿与帕马森干酪的主场。不过，当地人更多地用摩泰台拉香肚进行搭配。	尽管在圣诞节时与潘妮朵妮蛋糕的组合被认为是标配，但皮埃蒙特大区的甜点意式奶油布丁也是不错的选择。不少意大利的年轻人还会与比萨一起享用。

137

起泡酒的制造方法

被称为『传统方法』的香槟制造方法可以说是基本。其他的起泡酒也都沿用这一方法。

香槟的制造方法

香槟的制造方法被称为"传统方法"，将作为基础的葡萄酒与糖分和酵母一起装瓶，在瓶内进行二次发酵是其最大的特征。在制造过程中还经常能够见到许多独特的工艺。

1 Vendanges 收获

2 Pressurage 压榨

香槟的制作过程中的一大特点就是不进行除梗和破碎的整串压榨。使用传统的长扁平形压榨机，缓慢地压榨出果汁。这时的第一遍压榨被称为"La Cuvee"，第二遍压榨被称为"Premiere taille"。关于榨汁量，每4000kg葡萄，第一遍压榨最多2050L，第二遍压榨最多500L。

3 一次发酵

将生产出来的原酒按照品种、产地、收获年份分别贮藏。

4 Assemblage 调和

这可以说是香槟哲学极致的技术，根据调和的情况，可以看出生产者的个性和商品的个性。根据生产规模，生产者会储备几种甚至几十种原酒，然后选择合适的几种进行混合。

5 装瓶

6 Tirage 添加利口酒

为了稳定发泡性而采用的技术，在完全发酵结束后的原酒装瓶时，添加由葡萄酒、糖、酵母组成的利口酒。根据利口酒中的含糖量，可以将产生的二氧化碳控制在安全的级别。糖分添加量的标准为24g/L。

7 瓶内二次发酵

在酵母的作用下，糖分分解为酒精与二氧化碳，并且产生气体。

8 Vieillissement sur lie 瓶内熟成

经过6~8周的瓶内二次发酵后，在含有沉淀的状态下进行熟成。法律上，Non Vintage的商品要在添加利口酒后熟成15个月以上，Vintage商品要经过3年以上的熟成。这期间酵母会发生自我分解，在液体中溶出氨基酸，产生如同面包一样独特的风味。

9 Remuage 转瓶

为了去除瓶内的沉淀，顶底将酒瓶旋转的工序。慢慢将瓶口放低，最终将整个酒瓶倒立起来，使沉淀物集中在瓶口。以前由专业人士手动转瓶，现在都是机械自动转瓶，可以一次操作几百瓶。

10 Dégorgement 去除沉淀

去除集中在瓶口的沉淀物。传统的方法是将倒立的酒瓶拔掉瓶塞，放出沉淀物后再将酒瓶摆正，然后进行补酒，这种方法对操作手法的要求极高。现在采用冷冻液使瓶口冷冻的方法，冷冻后将酒瓶摆正然后拔出瓶塞，瓶内的压力会将瓶口处的沉淀物喷出。

11 Dosage 补酒

将去除沉淀时减少的酒量补足。添加的利口酒被称为"Liqueur d'Expedition"，根据利口酒中所含有的糖分，决定最终商品的甜辣度。

12 打栓

13 贴标签

Champagne

2

3

4

6

7＋8

9

10＋11

12

13

专栏

Number 1

起泡酒制造的其他方法

传统的制造方法采用瓶内二次发酵，使瓶内积蓄碳酸的比较费时的方法，但也有更加简单的起泡酒制造方法。

● 转移法

在瓶内进行二次发酵，但不利用转瓶去除沉淀，而是在二次发酵后将葡萄酒转移到压力罐中去除沉淀，再次装瓶出货。

● 谢尔曼法

在压力罐中进行二次发酵，过滤沉淀之后装瓶。比传统方法和转移法的时间成本更低。

● 注入碳酸气体法

向葡萄酒中注入碳酸气体，完全省略从二次发酵到去除沉淀的步骤。常用于快消品。

Number 2

玫红香槟的制造方法

法国的玫红葡萄酒在法律上是不允许用红葡萄酒与白葡萄酒混合的，但玫红香槟可以在瓶内二次发酵之前，向原酒（白葡萄酒）之中添加少量的红葡萄酒。另外，也有少数生产者用黑葡萄果皮短暂浸渍来制造玫红葡萄酒。

Wain Teisuthingu Kihon bukku
Winart 2012
Originally published in Japan in 2012 and all rights reserved
By BIJUTSU SHUPPAN-SHA CO., LTD.
Chinese (Simplified Character only) translation rights arranged through TOHAN
CORPORATION, TOKYO.

© 2017，简体中文版权归辽宁科学技术出版社所有。

本书由BIJUTSU SHUPPAN-SHA CO., LTD.授权辽宁科学技术出版社在中国出版中文
简体字版本。著作权合同登记号：第06-2014-231号。

版权所有·翻印必究

图书在版编目（CIP）数据

精品葡萄酒入门 / （日）《葡萄酒艺术》编辑部主
编；朱悦玮译.—沈阳：辽宁科学技术出版社，2019.5
（葡萄酒的艺术）
ISBN 978-7-5591-0755-8

Ⅰ.①精… Ⅱ.①葡… ②朱… Ⅲ.①葡萄酒—基本知
识 Ⅳ.①TS262.6

中国版本图书馆CIP数据核字（2018）第107728号

出版发行：辽宁科学技术出版社
　　　　　（地址：沈阳市和平区十一纬路25号　邮编：110003）
印　刷　者：辽宁新华印务有限公司
经　销　者：各地新华书店
幅面尺寸：185mm×260mm
印　张：8.75
字　数：300千字
出版时间：2019年5月第1版
印刷时间：2019年5月第1次印刷
责任编辑：朴海玉
封面设计：周　周
版式设计：袁　舒
责任校对：李淑敏

书　号：ISBN 978-7-5591-0755-8
定　价：49.80元

投稿热线：024-23284367　hannah1004@sina.cn
邮购热线：024-23284502